厨花君园艺

盆栽花礼
我把花束种给你

厨花君　张旭明  主编

U0238985

中国农业出版社

图书在版编目（ＣＩＰ）数据

盆栽花礼 我把花束种给你 / 厨花君, 张旭明主编 . — 北京：
中国农业出版社 , 2017.7（2018.1 重印）
（厨花君园艺）
ISBN 978-7-109-22526-8

Ⅰ.①盆… Ⅱ.①厨…②张… Ⅲ.①盆栽－花卉－
观赏园艺 Ⅳ.① S68

中国版本图书馆 CIP 数据核字 (2016) 第 313586 号

中国农业出版社出版
（北京市朝阳区麦子店街 18 号楼）
（邮政编码 100125）
策划编辑 李梅

责任编辑 程燕

北京中科印刷有限公司印刷 新华书店北京发行所发行
2017 年 7 月第 1 版 2018 年 1 月北京第 2 次印刷

开本：710mm×1000mm 1/16 印张：10.25
字数：250 千字
定价：45.00 元
（凡本版图书出现印刷、装订错误，请向出版社发行部调换）

Contents **目录**

Flower ceremony

~ 花礼盆栽 ~

独一无二的心意
生机勃勃的礼物
美好持续的祝福

礼物代表的是心意。

"花钱就能够买到的礼物"VS"独一无二的礼物"，当然选那"独一无二"的一个。

无论是圣诞、新年等送礼季，还是一年中那些特别的日子、那些值得庆祝的时刻，应该用一份怎样的独特礼物来见证？

每个人可能都有答案，但有一种答案，一定是人人都会举双手赞成的，由自己亲自侍弄的美丽盆栽！

它独一无二，更显心意；
它精致美丽，繁茂似锦；
它健旺精神，生机盎然；
它足够体面，环保易得；

一盆繁茂的花草，配上最符合当下氛围的创意包装，集美丽、独特、有机于一身，再加上蕴含着浓浓祝福的花语，就成了一份人人爱不释手的盆栽花礼。

美丽的花卉当然要陪伴在自己身旁，看到它就会想到它蕴含的美好心意，想到送给自己这份美好的人，亲情、爱情、友情，尽藏于这一花一叶中。

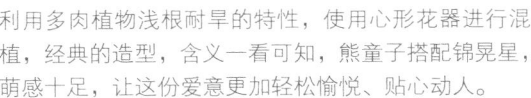

利用多肉植物浅根耐旱的特性，使用心形花器进行混植，经典的造型，含义一看可知，熊童子搭配锦晃星，萌感十足，让这份爱意更加轻松愉悦、贴心动人。

Grand

隆重

度身定制的创意

玻璃蛋形花器有着寻常花盆所不具备的格调，只消以赤玉土为壤，种一株小巧的常春藤，系上可爱的蝴蝶结，瞬间就有了令人惊喜的独特感觉。

虽然生活常讲平淡是真，但在特别的时刻，一些仪式感仍然不可或缺，它就像菜里的盐，提炼出寻常日子里的动人滋味。

一份能够代表心意的花礼盆栽与种在自家阳台上的花草相比，最大的不同就在于这种仪式感体现出的花草以外的隆重、爱与敬意。

突破对花草盆栽认知限制的秘诀是：把它当成一盒巧克力、一瓶红酒或者别的什么吧。从这个思路出发，灵感就会源源不断地涌现。就像礼品店的工作人员那样，用漂亮的包装纸、盒、丝带来装扮一盆植物。

手捧花束的美感

用常规的包装花束的方式将盆栽连盆包起，让盆栽具有了令人尖叫的精致美丽，也令接过花礼盆栽的人感受到这份不一样的心意。

爱意图案的浪漫

虽然只是一个简单的镂空铁皮盒，但精心选择的图案、衬纸与装饰，写满了不容错读的重视。

定制花盒的妥帖

常用于配送成束鲜花的包装盒具有固定与保持花形的作用。把这样的盒子套用在包裹呵护盆栽上，这种安稳妥帖能够突显隆重感。

Easy

易得
环保有机的态度

在普通常见的竹编筐里铺上揉皱的牛皮纸,再放进翠菊盆栽,寻常的小草花也变得超有味道,成为一份引人注目的礼物。

花草盆栽价格便宜，购买方便，在家居装饰中用途非常广泛，可以说盆栽是无论何时都适合的礼物备选。

正是由于以上特点，对盆栽的包装就不应背离与之相吻合的居家风格，少走高冷路线——偶尔尝试当然没问题，但更多时候，应使用跟花草一样"家常"的材料。二手纸袋、闲置的餐具、各种包装用篮、筐，甚至是餐巾纸、包袱皮，都可以用来试试为花草着装。

试过就知道，这些看似非常规的礼品包装材料，绝对能够打造出不输常规礼物包装的效果，而且，在这个崇尚有机、绿色、环保生活的时代，还能格外获得赞赏加分。

复古包袱的风韵

小朋友用旧的手帕，像系包袱那样，将四角两两打结，就能将不甚美观的花盆装饰得别具复古情韵。

印花纸巾的热情

印花纸巾可以用来擦嘴，可以用来包装礼物，印有漂亮图案的纸贴能够包裹植物的根部，非常适宜装点小型盆栽。

二手纸袋的趣味

"送您一盆 LV 的太阳花"，巧妙地利用二手纸袋上的 Logo，制作出饶有趣味的盆栽包装，让品牌与花草营造出会心一笑。

Consider
体贴
独一无二的真心

牛皮纸盒虽然简单朴素，但是加上手写的祝福言语，感觉就完全不同。琴叶榕和洋桔梗刚柔相济，装在纸盒里那么舒适合谐，与Love（爱）的语境相当吻合。

　　不管要表达什么，爱慕、祝愿、庆贺、期许……能够令收礼者感受到这份浓浓心意，才是成功的礼物。例行公事的礼物，收礼者也会漫不经心。

　　以盆栽作为礼物具有天然的优势，每一盆植物都是独特的，有着自己的花语，即使是同一种花，不同的颜色、花型还会有着微妙的差别，加上仅针对收礼者的喜好与品位的独一无二的包装，和几句只有彼此懂得的密语，这种感动，是谁都难以忘怀的。

装饰字母的直白　　　**特殊图案的示意**　　　**独属一人的宠爱**

　　选择代表祝愿的单词，用花艺铁丝串上装饰字母，插在盆栽空白处，一望可知的美意，你懂的！

　　若要说起表达爱意的图案，有什么能比心形更强大？简单的剪纸制作，大胆地装点于枝叶中，让爱意蔓延在绿意之中。

　　雏菊搭配丝巾，浓浓女人味的礼物，代表着爱意与温柔的呵护，是"只属于你"的明确表达。

Part 1

每逢佳节送花礼

在文化融合的互联网时代，过节是件幸福并烦恼着的事。

年轻人早已习惯将中国传统节日和西方节日混合着过，春天过情人节，夏天过七夕，中间还可以插一天非官方的 5.20，表达情意从来不用担心错过时机。而母亲节、父亲节和重阳节也中西合璧，对讲究孝道却羞于将爱大声说出口的中国人来说，都很有鼓励效果。至于春节和圣诞节这两个挨得颇近又都阖家团圆的节日，则可以用不同的方式欢庆。

缤纷的节日，就像是闪耀的珍珠，串在寻常日子里，让心情时常闪耀。

佳节良辰，用什么传达心意？用鲜花用绿叶。一盆生机勃勃，承载着祝福与期许的花礼盆栽无疑是传情达意的上佳选择。

中国人讲究水仙贺岁，重阳簪菊。而欧美国家的花草和节日的搭配也早已形成习俗，比如情人节的玫瑰、母亲节的康乃馨，还有圣诞红和复活节仙人掌这样的节庆象征。

浓妆浓情，丽格海棠

在从初冬到春季的漫长时光里，一抹最浓墨重彩的艳丽，来自丽格海棠的赠予。

丽格海棠的花语含义丰富，但其核心是「可亲」与「幸福」，配合它的华丽外貌，在新年伊始这个洋溢着祝福的时刻，无论是送给亲友或是同事，都是一份难以拒绝的上佳美意。

♥ 玲珑圆润的株形，正是最适宜作为礼物的大小

♥ 色彩艳丽，是室内开花植物中少有的浓妆派

♥ 长达3个月的盛花期，跨越新年的惬意观赏

New Year's Day

超长花期
手捧花

虽然是引进的观赏植物品种，但丽格海棠俘获人心的能力是很惊人的，短短几年，就从大多数人见了都要问一句"这是什么海棠啊？"到悄然占据年节花的主力位置，充分说明了它的魅力。

较之中国传统栽培的秋海棠，丽格海棠的最大特色是花繁色艳，重瓣的花朵有着与玫瑰类似的美态，而且色彩更为浓艳，粉、红、橙、黄，都是节日最为讨喜的色调。

除了颜色，丽格海棠的"身材"也很讨喜，株形紧凑，叶子密生于花朵下方，既能起到衬托花朵的作用，又不会喧宾夺主，茎短根细，小小一盆也能开成硕大的花球，只需要对花盆略作装饰，盆栽便立刻有着不输手捧鲜切花的华丽效果。

而比手捧花更突出的优点是，它的超长花期，从第一朵花绽放到花期结束，大约3个月时间里，它都可以是案头最绚烂的那一簇。如果养护得法，第一波盛开过后进行修剪，还可以欣赏到丽格海棠的再度开放！

花礼自己做

丽格海棠本已足够华丽，所以在包装上应以简洁大方为主，纯色、低调较暗的包装素材更能衬出它的美。此外，因为丽格海棠的茎叶都较为脆弱易折，所以在包装上要更妥贴照顾。

1 丽格海棠花大茎细，头重脚轻容易打翻，所以要给它更换或直接套上较有分量的花器。

2 设计大方的二手包装袋，既不失礼又有环保感，选择适宜大小的，将植物小心地安放进去。

3 调整一下位置，尽量让花朵露出袋边，既美观又可避免花茎在袋中折损。

4 提起拎带就可以携带植物花礼出门了！

送花礼
有谈资

"丽格"的由来

　　丽格这个名字是由德国育种专家Otto Rieger的姓氏翻译而来，"丽"字很恰当地描述了植物的特点。丽格海棠将球根海棠（特点是色艳花美）与阿拉伯秋海棠（特别是叶片圆润，植株小巧）杂交培育获得的品种。虽然英国人早在19世纪末就开始了育种工作，但大量新品种是在20世纪50年代由Otto Rieger育成的，所以，这一系列的秋海棠就以他的姓氏来命名为"丽格海棠"。

美花海棠，不止丽格

　　秋海棠家族有不少花朵极美的品种，在园艺界被广泛应用，而且各有特色。丽格海棠主要用于室内观赏，而四季海棠虽然花朵稍小，但更为繁密，露地栽培效果出众。球根海棠分枝众多易形成藤蔓效果，作为垂吊花卉非常受追捧，此外，花和叶子都比较狭长的玻利维亚海棠，生命力更为强健，盛开时美艳惊人，是最新蹿红的垂吊品种。

秋海棠、海棠分不清

　　严格说来，丽格海棠应该被称为丽格秋海棠，因为它和另一类被称为"海棠"的植物完全是两个概念。在中国传统文学中，海棠通常是指几类蔷薇科的木本植物，比如西府海棠、木瓜海棠，张爱玲所说的"一恨海棠无香，二恨鲥鱼有刺"也是恨的木本海棠，丽格海棠是不背这个黑锅的——虽然它确实也没有香味。

Care
照料篇

一分钟学会打理

☀ **阳光：**室内光线即可满足生长需求，如果发现花朵褪色或变小，可在早晚多晒太阳。

💧 **水分：**土壤长期过湿容易烂根，但干旱也会影响长势，属于需要细心看护的类型。

✂ **修剪：**开过的残花需要修剪，根部的叶子也是重点关照对象。

1 修剪残花别拖延

　　丽格海棠并不是一朵花开 3 个月，而是若干朵花持续开放，残花同样会消耗大量营养，所以，如果发现花朵有凋零苗头，就要即刻修剪，为新的花苞腾出生长空间。除了残花外，连花托及花朵下的细茎也要一并剪去。

2 试试叶插吧

　　由于是人工培育获得的品种，丽格海棠很难结种，所以，扦插繁殖是最常用的办法，除了枝条扦插外，叶插也被证实有一定成功率。亲自见证一片叶子长成一盆花，这种有趣的园艺活动务必要尝试一下。过程并不复杂，用锋利干净的刀片斜切，然后插在植料中发根即可。

3 修剪有学问

　　丽格海棠根浅须细，叶片长得又密，通风不畅很容易引起霉腐。所以在养护时应适当修剪，经常检查根部，将比较细弱的枝条直接剪去，既加强通风，也可集中营养供给开花枝条。

新春佳节贺长寿

照料也可以盛放整个月，这就是长寿花。

圆润碧绿的叶片，衬着一派花团锦簇，无需任何

♥ 具备了多肉植物皮实耐旱的特质

♥ 缤纷的花色是节庆花礼的上佳选择

♥ 株形直立宜于尝试各种花束包装

春节期间走亲访友，如果不知道送什么礼物合适，不如就送一盆寓意吉庆的长寿花吧，花名讨喜，花也喜庆，是人见人爱的好花礼。

Spring Festival

新年
全优生

真正美好的东西可以突破语言和国籍的限制，比如音乐和舞蹈，比如长寿花，它是非常少有的、在东方和西方的新年节庆中都大受欢迎的开花植物。

西方人喜欢它花朵华丽，易于造型，无论是用于餐桌布置，还是作为客厅陈列都很出效果。东方人同样爱它的美丽，并且更多了一重心理上的认同——在新春佳节，有什么比福寿吉庆更受欢迎呢。

当初，这种植物被定名为长寿，只是因为它的花确实开得非常长久，加上花期正值新年，花名既描述了它的习性特点，又寄托了美好的祝愿，于是长寿花一炮而红，而且不断推出新的品种，从单瓣到重瓣，从普通花型到大花型，花色为红、黄、粉、紫等最鲜艳靓丽的颜色，只要有几盆，就能够在冬季制造出姹紫嫣红的美景来。

对了，除了美，它还非常好照料。一盆处于盛花期的长寿，即使不做任何特殊照顾也能美足整个月，对于忙碌的都市人群来说，这算不算最大的利好？

花礼自己做

处于盛花期的长寿花本身就非常美，既可以只简单搭配喜庆的花器，也可以采取手捧花束式的有趣包装，有什么创意都使出来吧。

1 选择一盆盛开的长寿花，颜色可以根据送礼对象选择，送老人的以金黄、大红为主；送女性朋友的则可以选择粉红或橙色系。

2 选择较为硬实的包装纸，简单地折起四角。

3 选一根适合的装饰绳带扎紧，也可以加上蝴蝶结作为装饰。

送花礼
有谈资

最美的多肉植物

多肉植物可是都市人的爱物，肉乎乎的叶片和迷你株型，让很多人都爱不释手。不过，多肉并非是以开花美著称的群体，所以，同属多肉植物的长寿花绝对是鹤立鸡群的存在。景天科伽蓝菜属的长寿花，和八宝景天、不死鸟都是近亲，历经多年园艺培植，无论是单瓣还是重瓣，开花都极其繁密娇美，堪称最美多肉，而且非常容易获得和培植。

溯源长寿花

1927 年，法国植物学家皮埃尔（Perrier）在马达加斯加岛上发现了原生品种的长寿花，当时正值花期，这种大小适宜、花头繁密的多肉植物，让植物学家大感兴趣。4 年后，德国的育种专家罗伯特（Robert Blossfeld）将这种植物带回了德国，进行人工杂交培育。30 年后，长寿花花色丰富，花朵娇美，花期超长，成为冬季最受欢迎的新兴植物。现在，它已经是全球最重要的盆花品种之一。

花名 "出口转内销"

长寿花是伽蓝菜属植物，而伽蓝这个名字，是 18 世纪后期，法国植物学者米歇尔·阿当松（Michel Adanson）确定这一属的属名 Kalanchoe 时，使用属中一类植物的中文名——伽蓝（Kalan）的读音。所以，在引进长寿花的时候，也顺理成章地把它的属名又翻译回了原本的中文，可谓"出口转内销"。

Care
照料篇

懒人最爱听的秘诀是：如果不知道怎么照料长寿花，除了隔段时间浇水，就什么也别做。不过，稍加一点关照，让一份花礼永远生机勃勃，不是更好吗？

一 分 钟 学 会 打 理

◎ **阳光：** 花期时对阳光需求不强，生长期则需要充足阳光。
🖐 **水分：** 耐旱，浇水后要及时清除积水，花期过后要强力控水。
✂ **修剪：** 花朵出现残败时，需整枝剪除。

1 重点是防霉烂

　　长寿花的叶片是典型的多肉类型，肉乎乎的，这表明它是喜旱植物，盆土完全干透后再浇水，而且一定要确定无积水。为了开花效果更好，长寿花通常都采取密植，下部叶片通风性差，长时间的潮湿最易引起植株霉烂。

2 给点阳光就灿烂

　　阳光不足多肉植物就容易徒长，长寿花同样，但在花期可以不用考虑那么多，有散射光就可以欣赏，在这个阶段它的营养主要供给花朵，徒长现象不会很严重。花落后应进行强力修剪，这时候它对阳光的需求会很强烈，最好放在窗台或是户外，这样它才能健壮生长。

3 扦插超有成就感

　　家庭种植长寿花，繁殖以扦插为主，成活率非常高，是能带来很大成就感的一项园艺活动。剪下10厘米左右长（至少具有2个生长节）的枝条，晾晒几小时，让切口处干燥，以免扦插后腐烂，然后插入较为疏松的植料中，保持适度潮湿，几周后就能收获一株新的长寿花。

二月
情人节

永恒之爱，迷你玫瑰

全世界销量最大的鲜切花，庭园植物中最受追捧的植物，这两种难得的荣耀都归于玫瑰。

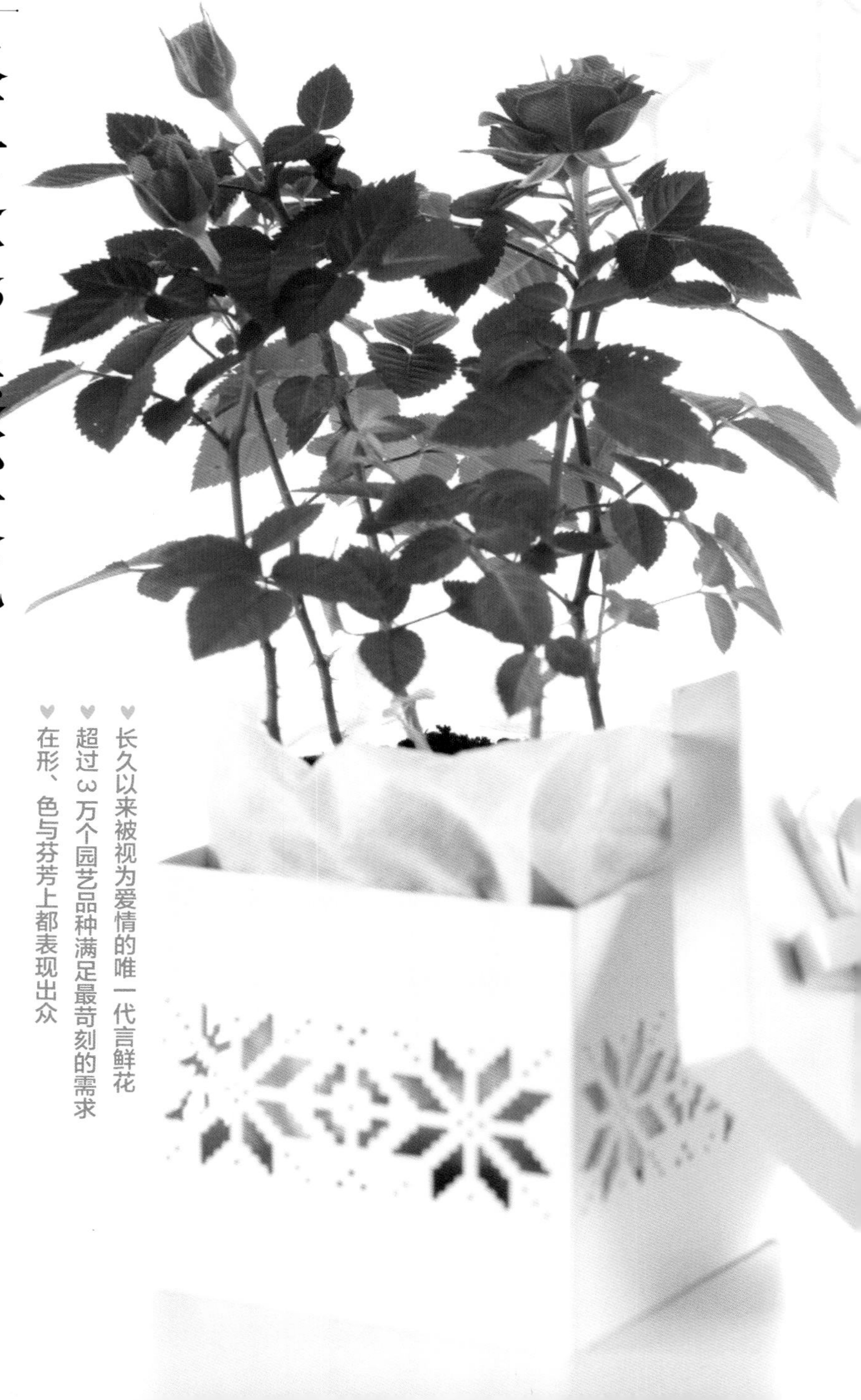

♥长久以来被视为爱情的唯一代言鲜花

♥超过3万个园艺品种满足最苛刻的需求

♥在形、色与芬芳上都表现出众

玫瑰是独一无二的存在，它与爱情结伴而来，叩响心门。无论何等微妙的爱意，都可以借缤纷的玫瑰来表达，甜蜜的情人节，怎可缺少它？

Valentine's Day

维纳斯的情书

用玫瑰来表达爱情，多么天经地义！然而，为什么如此殊荣会归于它？

玫瑰属植物广泛分布于世界各地，有着悠久的种植历史，古巴比伦就有栽培玫瑰的记录，被当时的人视为一种神圣的、可以用于祭祀的花朵。是身体里流淌着激情与浪漫的希腊人，将玫瑰与爱情打包成束。

阿佛洛狄忒（罗马神话中称为维纳斯）踏浪而生，主管爱与美，为了救治受伤的情人阿多尼斯，被玫瑰刺伤了脚，白玫瑰被她的血染成了红玫瑰，从此玫瑰就代表着爱情，或者说是自阿佛洛狄忒的鲜血中生出了玫瑰——神话总是这样充满想象力，玫瑰从此与爱情形影不离。

一个可能让人大跌眼镜的真相是，直到17世纪末，被欧洲人深情歌颂的爱情之花玫瑰，还只是花色单调又不香的原生品种，直到植物猎人们远赴亚洲，带回各种中国月季和野蔷薇，历经多年的选育杂交，玫瑰才慢慢变美，拥有了丰富的花色和迷人的芬芳。现在花店最常出售的鲜切花玫瑰，则要到20世纪初才出现。

花礼自己做

作为花礼的玫瑰，在细节上比普通的盆栽更加挑剔，而且，在包装上，一定要有唯美和浪漫的元素。

1. 选择株形丰满，花朵艳丽的迷你玫瑰；
2. 用白色纱纸包裹玫瑰花盆，这样既保护了花朵，也是避免被花刺扎到手；
3. 装入大小适中的白色雪花铁皮盒里，就可以捧着浪漫的情人节盆栽出门了。

送花礼
有谈资

不同花色表达不同爱意

因为玫瑰品种实在丰富，美国玫瑰协会将玫瑰分为 18 种色系，而不同花色的玫瑰，在爱情的表达上也有微妙的不同。红玫瑰代表热恋与真诚的爱；粉玫瑰代表着初心与暗恋；白玫瑰是纯洁的爱；橙色玫瑰代表着友情与爱情间的暧昧；紫色玫瑰代表永恒的爱；近来大受欢迎的香槟玫瑰则代表着情有独钟。唯有黄玫瑰代表着道歉与忌妒。而需要特别提出的是，在玫瑰色系中并没有蓝色，热门的蓝色妖姬是人工染色而得。

Under the rose

玫瑰之下，一句西谚，它的含义可不是想当然的"玫瑰花下死"，而是指非常正式的约定，代表着要保守秘密。这句谚语也是从罗马神话中来，丘比特以玫瑰来贿赂缄默之神，请他保守秘密。在雕有玫瑰花图案的地方所说的话和所做的事，从拉丁语"sub rosa"译成英文即为 under the rose。

迷你玫瑰自何而来

全球有无数专家与苗圃致力于玫瑰的育种，目前登记在册的玫瑰品种已超过 3 万，还在源源不断地增加。最早种植的迷你玫瑰是劳伦斯玫瑰，19 世纪时盛行于英国，但起源已无法考证。1980 年后，迷你玫瑰再度流行。从植株高度到叶片大小，迷你玫瑰都有着严格的定义，最重要的一条是：花朵直径小于 3.8 厘米。

Care 照料篇

迷你玫瑰有着耐人寻味的美，好消息是，比起普通的玫瑰，它的室内栽种条件反而不高，这多少给种不好玫瑰的人一些信心。

一 分 钟 学 会 打 理

☼ **阳光：** 爱晒太阳，阴天花朵不会盛放，所以最好养在户外，但勿曝晒。

🖐 **水分：** 极其耐旱，叶子打蔫再浇水也来得及。

✂ **修剪：** 开过的残花需及时摘除，这样看起来才精致。

1 不暴晒就 OK

从种植的角度讲，普通的玫瑰对阳光的需求非常强烈，所以在室内很难种植，但迷你玫瑰的要求没那么高，阳光的光线就足以支持它们四季开花，非常适合家庭园艺。所有的玫瑰都喜欢阳光，但迷你玫瑰不能暴晒，春天可以放在阳台或窗台上，夏天则要放在遮阴的地方。

2 越冬有窍门

玫瑰的修剪可以写厚厚一本大辞典，特别是庭园种植的藤本玫瑰。不过，迷你玫瑰的修剪就简单得多，主要在花期过后适度修剪，以及冬季来临之前需要大幅度修剪，只保留地面以上 1/3 高度的茎干，以便安然度冬。

3 玫瑰盆栽怎么选

送给至爱的玫瑰，若能亲自从小苗养育到开花固然好，但如果信心不足，从花市购买已经成型的玫瑰盆栽也是不错的主意。需要注意的是，花市的环境和家庭种植的环境相去甚远，植物会有一个适应的过程，所以，需要提前 3~4 周购买，选择花蕾刚刚孕育尚未显色的品种，这样，在照料一段时间后，就能亲自看着小小的玫瑰盛放了。

新意十足大岩桐

个头虽然迷你，花朵却极为耀眼，钟形花朵有着天鹅绒般的华贵质感，无论是粉是紫，都太令女生心动，这就是大岩桐。

♥ 毛茸茸的大叶片自带萌感

♥ 花朵数量比叶子多，大岩桐的自信爆棚

♥ 小巧一盆，捧在手心好有爱的感觉

也许你还不太熟悉这种人气盆栽，但它实在是从外到内，都太符合在属于女生的节日送上的花礼的特质了，贵气、华丽，连花语都是不流俗的『欲望』，把它当成暧昧的小手信，再好不过。

Women's Day

骄傲
小公主

如果将大岩桐拟人化，应该没有比骄傲的小公主更适合它的了。不起眼的个头，却有着超级明艳的光环，特别是重瓣品种，盛放时的华丽不输牡丹，而集中于粉、紫、红的色调，既高调又娇媚，无法不吸引眼球。

小小身躯，能量十足，大岩桐不仅花艳而大，花期更是长到离谱，在盛花期每株大约会开花20朵以上，次第盛放，能持续两三个月。而在花谢后，经过短暂的休息，只要照料得法，又会迎来第二波花期。耐旱、小巧、娇艳，这几项特质组合起来，足以让每个人都觉得自己需要一盆，不，几盆大岩桐，作案头赏玩也好，做餐桌布置也好。

虽然外形骄傲，但大岩桐的内心其实蛮坚强。它的繁殖方式多种多样，非常耐旱，旱到整个叶片都枯萎也能够靠球根再发新芽，实在让人感叹，它的优点太多，让人不得不爱呀。

花礼自己做

大岩桐的花和叶都脆嫩易折，不小心碰到就可能形成难看的褐斑，所以在花礼的构思上，以保护好花为出发点，尽量展示它的美貌。

1 选择一盆个头适中、正值盛花期的大岩桐。

2 小心整理枝叶，套上桶形的玻璃花器。

3 配上表达情意的小卡片便可送出。

送花礼
有谈资

苦科的"小公主"

　　所谓苦科，是苦苣苔科的简称，这一科植物的共同特征是株形玲珑小巧，却能开出鲜艳硕大的花朵，而且对光照要求不高，即使在室内栽培也能正常开花，所以很受欢迎，其代表品种就是有"室内盆栽皇后"之称的非洲堇，以及近年来蹿红的大岩桐。

大岩桐名字有故事

　　大岩桐原生于中南美热带雨林岩缝中，18世纪后期被植物猎人发现，19世纪初引入欧洲，后来又传入美国，掀起了一个人工培育的小高潮。"岩桐"是描述它的原生地特点，"大"——跟其他花草比起来它个头偏小，但比起苦苣苔科的其他品种，它还算个大个子，所以才被命名为大岩桐。

有了一株，就有了一丛

　　种植大岩桐的乐趣，除了欣赏耀眼的花朵，萌趣的叶片，还在于可以从它们的自行繁殖中获得相当大的成就感。和通常植物或者播种或者扦插的繁育方式不同，大岩桐的繁殖方式真是花样百出，可以播种，可以茎插，可以叶插，可以将球茎进行分割，最有趣的是在叶插的部分，除了使用整片叶进行扦插外，将叶片分割成6~8份，进行叶脉扦插也成功率颇高，这令很多人乐此不疲。繁殖出来的小苗可以和其他人交换新品种。

Care 照料篇

大岩桐带给人的惊喜，源自它小巧的身形和又大又密又鲜艳的花朵形成对比，所以，想种出一盆上好的大岩桐，也要从这个方面着手。

一 分 钟 学 会 打 理

☼ **阳光：** 耐阴，但是想要花朵又美又多，早晚"进补"阳光很必要。

▨ **水分：** 喜欢干爽环境，看见明确缺水再浇不迟。

✄ **修剪：** 及时剪除出现状况的叶子，残花要从根部去除。

1 管住手，少浇水

很多人都不知道，80% 死掉的大岩桐都是被浇死的。这种原生于岩石上的植物并不需要太多水分，而且无论是它毛茸茸的叶片，还是闪亮的花朵，沾上水都可能导致腐烂。所以，盆栽大岩桐浇水一定要控制。最简单的原则是，等到叶片发软，有明显的缺水信号时再浇。而且尽量采取浸盆浇水，避免水珠沾到叶片。此外，在摘除残花的时候，要从根部剪去，因为残余的花梗可能出现腐烂，影响到整株植物。

2 越折腾，越精神

种大岩桐真是件乐趣无穷的事情——假如你是个喜欢折腾的人。大部分植物每年只需要在春季移植一次，过多的换盆会让它停止生长。而大岩桐不是，在从小苗到开花的过程中可以移植多次。只要觉得现在的花器显得拥挤，就可以大胆换盆。但要注意，它是不耐寒的热带植物，所以温度不能低于15℃。好在这么袖珍美貌的盆栽，家再小也都放得下。

3 室内盆栽要不要晒太阳

大岩桐"室内盆栽"的身份被过于强调了，很多人误以为它完全不需要阳光。像所有植物一样，光照不足时，大岩桐也会徒长，花苞难以分化或落蕾，花色也会没有那么鲜艳。所以，适当"进补"阳光是必要的，每天上午10点前和下午4点后，是大岩桐去窗边"进补"阳光的最佳时机。

挺拔向上琴叶榕

大而圆润的叶片神似提琴，足够有趣

笔直挺拔的身姿给人积极的心理暗示

超强的适应能力让它在室内也能生长良好

现代家居装饰中人气超高的观赏绿植琴叶榕，无论是摆在案头还是落地而放，都赏心悦目。

在洒满阳光的窗边，摆一株高大的琴叶榕，足以让整个客厅都充满明朗的绿意。而选择一株姿态舒展的琴叶榕作为手捧盆栽花礼，在这个年轻人的节日，送给同窗、小友，无疑是份独特的祝福。

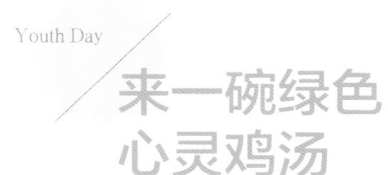

Youth Day

来一碗绿色
心灵鸡汤

　　原生于西非热带雨林地区的琴叶榕，因宽厚而带有波浪边缘的叶片酷似提琴的琴身而得名，它的茎干笔直，很少有杂乱的侧生枝，衬着片片深绿阔叶，相当符合现代人的审美观，是越来越受欢迎的室内观赏品种。

　　除了作案头赏玩的小型盆栽外，琴叶榕的落地盆栽也很常见，高度1.2~1.5米，这样，当主人坐下来聊天或是阅读时，就能以最舒适的角度观赏到这一丛蓬勃向上的绿意。琴叶榕挺拔、直立，叶片斜生向上集中在树端部位，它能给人非常有益的、积极的心理暗示，帮人摆脱疲惫，重获力量。

　　从这个角度说，家里有一盆琴叶榕，无异于常备着绿色的心灵鸡汤呢。

　　况且它美观、易打理，既无残花需要修剪，也很少滋生虫害，最大的烦恼无非是叶片脱落。然而，待它落叶，将巴掌大的叶子干燥后制成标本，再装框制成植物装饰品，也是份别致的自然手信。

花礼自己做

琴叶榕笔直向上，叶片硬挺，最适合搭配素色方形礼盒或花器，只需加上主题元素，就能把它装饰得很出效果。

1 选择小型的案头盆栽型琴叶榕。

2 连盆一起放进牛皮纸盒，空隙处用碎纸填充，让它保持直立。

3 扎上有趣的ZAKKA风（ZAKKA的追求是平凡而不普通，朴素而不冷淡）织带，或直接送个ZAKKA风花器就好。

Youth Day

送花礼
有谈资

出镜率最高植物

　　翻看家居杂志，出镜率最高的室内观赏植物是什么？如果将时间限定在近5年的话，那琴叶榕一定会胜出。这种叶子大而阔，身姿挺直的植物，与简洁疏朗的现代家居风格相得益彰，还可搭配传统的田园风或都市轻奢风格，再加上非常好打理，越来越受到欢迎也在情理之中。

无花无果但够美

　　琴叶榕其实也是"无花果"，和我们常吃的无花果同属，也是隐形花序，结出深紫色浆果，但那需要它长到足够高大。在我们看来个头适中的琴叶榕，在自然环境中的生长能力是惊人的，动辄长到10米以上，长到足够的个头，光照、水分充足才会结出果实。但在观赏植物的世界里，它只需舒展美丽就足够受欢迎了！

榕属的观叶植物明星们

　　说到榕，是不是脑海里立刻会浮现一棵超级巨大的榕树？没错，在自然环境里榕树的生长能力确实很惊人，但是，它们还有另一大优点，就是能屈能伸！凭着这一点，它成功进入园艺界，和琴叶榕同属的垂叶榕、细叶榕（人参榕），都是花市里常见的明星观叶植物。另外还有一种你可能想不到的榕——橡皮树！

Care
照料篇

无论株型大小，判断琴叶榕优劣的标准是一致的：叶子饱满发亮，株形向上挺拔，这样的盆栽捧回家才有上佳表现。

一 分 钟 学 会 打 理

◎ **阳光：** 耐阴，但不能长时间不晒太阳，每个月都要有几天用来补光。

◣ **水分：** 水分过量容易导致落叶，遵守"见干见湿"的原则即可。

✎ **修剪：** 除了需要摘心控制高度外无需日常修剪。

1 "长腿"不健康

虽然人类社会里的"长腿"总是大受追捧，但在琴叶榕的世界里，光秃秃的长腿可能意味着两件事：一，浇水不当；二，光照不足。包括琴叶榕在内的榕属观叶植物，都有"一言不合"就落叶的特点，特别是接近根部的叶片。盆栽琴叶榕对水的需求并不大，盆土基本干燥后浇透水就可以了。过于频繁的浇水和光照不足都会导致下部叶片脱落，不过也别太担心，只要情形得到改善，新叶的生长也很快。

2 补充阳光请适量、逐步

琴叶榕是很喜欢阳光的植物，长期在室内摆放，虽然无碍存活，但叶色会逐渐失去那种很有生命力的深绿，而转为略带病态的黄绿，这是提醒你，它需要补充阳光了。不过，作为一种很敏感的植物，琴叶榕在光照、温度急剧变化时会大量落叶。所以，如果打算让室内的琴叶榕出去放放风，要以适量、逐步为原则，先把它摆放在窗边，再放入半户外环境，一步步过渡。

3 长多高，你说了算

用于室内观赏的琴叶榕虽然不会像原生地那样生长迅猛，但逐年增加的身高，也会让植物和室内环境出现比例失调的情形。其实调控琴叶榕的身高并不难，在一个你满意的高度摘去琴叶榕的顶心，这样既可以控制高度，也能够促使它萌发侧枝，形成更丰满的顶部。

暖爱之花康乃馨

粉色的重瓣花朵，四季持续盛放，康乃馨之美如同母爱，春风化雨，温柔从容。

♥ 在全世界它都是最具识别度的花朵，只有玫瑰能与之并列全年无休的花期，照料它超有成就感

♥ 柔美的花色，丰满的花形，剪下一枝插瓶就可以欣赏很久

♥ 就像妈妈并不只是在母亲节这天才爱你一样，送给妈妈的，代表着爱与尊重的康乃馨，也应365天都微笑着绽放在她的窗前。

Mother's Day

可以接收一生的母性之花

玫瑰和康乃馨，是全世界销量最大的两种鲜花，恰好对应着女性一生中最重要的两种爱的体验。

玫瑰热烈而华美，叶片却如细锯，茎干还带着刺，正如爱情，炙热、冲动，令人不顾一切，即使受伤也甘之若饴。

康乃馨却温暖而柔美，花瓣有着丝绒般的质感，茎叶顺滑，色彩与玫瑰一样丰富，却更为淡雅，如同母爱，细微体贴，润物无声。

这两种花代表着女性不同的人生阶段。玫瑰般的热情也许只会燃烧一时，但康乃馨的温暖却能伴随始终。

小手紧紧抓着一枝康乃馨，和着拥抱与亲吻送给年轻的妈妈，一捧粉红康乃馨，送到妈妈满是皱纹却温暖慈爱的手中……这都是生命最美的画面！

花礼自己做

康乃馨确实是非常优秀的鲜切花，但这不代表它作为盆栽表现就会逊色。束状株形、多个花头以及适中的高矮，来个花束式包装同样美。

1 选择一盆大小适中的康乃馨或石竹盆栽；

2 选择浅色棉纸，简单地包成卷状。由于花盆的存在，不需要包得像花束那样精细，只需将整个盆栽包卷在内即可。康乃馨花色较为淡雅，不要使用颜色、质感过于浓重的包装纸。

3 扎上漂亮的丝带，稍做整理，就可以把这束手捧盆栽送给妈妈了。

Mother's Day

送花礼
有谈资

从王冠之花到母亲节之花

康乃馨是否从一开始就被视为温情与爱的花朵？不是。在古希腊的庆典中，它是神圣的象征，锯齿状花瓣呈放射状开放，整个花朵与王冠颇有相似之处，所以在那个时代它是庆典上的花冠用材，被认为是宙斯之花。一直到 1908 年，Anna Jarvis 为了纪念去世的母亲，在仪式上献上母亲生前最爱的康乃馨。随着母亲节成为世界性节日，康乃馨也成为当之无愧的母亲节之花。

粉、白、绿，康乃馨花色有讲究

康乃馨广泛分布于欧洲国家，即使它已经成为母亲节最具代表性的花材，也要注意区分花色。比较公认的原则是：粉色系是最正确的选择，淡粉色代表永恒的爱；粉红色寄托赞美；深红色则象征深沉的爱，以上 3 种花色都很受妈妈欢迎。但白色代表的是对逝去母爱的追思。至于绿色康乃馨，可要注意了，它有一个微妙的含义，因为作家王尔德喜欢佩戴绿色康乃馨胸花，所以它也代表着"同志之爱"（即同性之爱）。

康乃馨 VS 麝香石竹

康乃馨虽然是引进花卉，但中国有大量原生的石竹花品种，所以，根据通常的规则，它起初被命名为麝香石竹。康乃馨是它的英文名字"carnation"的音译。但由于"康"与"馨"非常符合对母亲的祝福，所以，慢慢地音译名反而压过了学名，成为无论是专业书籍还是园艺市场都使用的花卉名称。

Care
照料篇

必须承认，在不同于原生地气候环境的室内种植康乃馨，想让它达到四季花开不断的理想状态，是一种挑战。

一 分 钟 学 会 打 理

◎ **阳光：** 喜阳，如果室内光线不够，可以定期搬到户外照晒。
🖐 **水分：** 根系喜干爽，除了控制浇水节奏，也要注意植料的排水性。
✂ **修剪：** 开过的残花及时摘除，叶片出现枯焦也要赶紧处理。

1 阳光好，才爱开花

　　中国人用春晖来形容母爱，而康乃馨也是种喜欢阳光的花草，如果在室内种植，务必要放在窗边光线最好的位置，最好在阳台半露天种植，每天保证 6 小时以上的光照，它才会长势旺盛，花芽也能充分地催化。

2 气候不合？试试石竹

　　原生于地中海沿岸的康乃馨，喜欢温凉的气候，最适宜的生长温度是 15℃左右，夏天花会越开越小，越开越少，这是它的自然习性决定的。如果为这个烦恼，可以试试种一盆石竹，它与康乃馨血缘相近，花语是爱与女性之美，也很适合送给妈妈，有不少耐热的多年生品种可供选择。

3 通风加干爽，植株更健康

　　康乃馨和石竹都是喜干不喜湿的植物，除了要控制浇水的节奏之外，也要注意使用透水性较好的植料。容易造成误解的是，康乃馨靠近根部的叶子经常有枯焦现象，大部分情况下这并非由于缺水，反而可能是积水或肥液喷溅导致的，不要急着补水，检查一下土壤干湿再作判断。

六一
儿童节
♥

亲子盆栽太阳花

拥有蓬勃的生命力，在初夏开出热情的花，不愧拥有「太阳花」之名。

♥ 极易扦插种植的繁殖习性＝怎么都能种活

♥ 肉乎乎的狭长叶片＝真好玩儿

♥ 数量繁多颜色亮眼的花朵＝哇，好漂亮

种种特质让太阳花成为亲子盆栽最好的选择之一，恰好它的盛花季节是从初夏开始，连花语都是适合小朋友的「天真无邪」，六一儿童节的花礼，不选它还要选谁？

Children's Day

夏日
小花旦

如果要给太阳花分配一段表达心声的台词，我们可以照搬《简·爱》。

"你以为，因为我穷，低微、不美、矮小，我就没有灵魂没有心吗？你想错了！我的灵魂跟你的一样，我的心也跟你的完全一样！"

没错，虽然是再普通不过的草花，但太阳花的美貌和有趣绝不输那些鼎鼎有名的花卉。

看看它的各种常用别名：松叶牡丹、半支莲，说明它的美可与牡丹、莲花相提并论。它常用的英文名字则是 Moss rose、sun rose 以及 rock rose，嗯，能与玫瑰相提并论，是绝对的褒奖。

再看看它另一个常用名：死不了——落差是不是有点大？作为一种原产于南美的植物，干旱酷热的气候造就了它的强健习性，典型的多肉类特征——肥厚的叶片中有发达的贮水组织，储存了大量水分，应对烈日曝晒毫无压力。另外，由于对水分需求低，太阳花的根并不发达，它的根须短小，即使在酸奶盒中也可以种植。

花礼自己做

个头小巧、不怕旱、浅植、花色艳丽，这些特质，让太阳花盆栽的包装变得非常容易，可以大胆实施各种创意。

1 从花盆里挖出一两棵正在开花的植株，根部只要带少许土就可以。

2 选择色彩亮眼的餐巾纸或是包装纸，扎成巴掌大小的纸包。

3 用花艺铁丝束口，稍加整理，一份送给小朋友的特色花礼完成了！

两种太阳花比比看

目前花市上常见的太阳花有两种，一种是松叶牡丹，有长而细的肉质叶，以重瓣花为主；另一种是大花马齿苋，叶片宽大肥厚，类似于食用马齿苋，花朵通常为单瓣。两种太阳花各有所长，不过，后者茎干细长，藤蔓效果明显，用作挂篮盆栽更为适宜。

野花，盆栽分不清

很多人会好奇，遍布郊野的马齿苋，和太阳花（特别是大花马齿苋）长得这么像，是不是一家人？没错，它们同属马齿苋科，但是，马齿苋较为耐寒，广泛分布于温带地区，算是我国的地产野菜。而太阳花则更喜高温，原产于南美洲，作为园艺植物被引种到世界各地。

更美的太阳花哪里找

不满足于送最普通的单色太阳花，想要园艺杂志上的双色或者是斑叶品种的太阳花？确实是美貌度更上一层楼，让人垂涎欲滴。这样的太阳花属于专门培育的观赏品种，除了在大型花市出售外，还可以登录园艺公司的官方网站订购，"海淘"，你懂的。

一盆状态上佳的太阳花必须符合以下条件：花朵繁茂，株形紧凑，叶片健康。试试亲自打理它吧！

一 分 钟 学 会 打 理

☀ **阳光：** 非常爱晒太阳，阴天花朵不能盛放，所以最好养在户外。

🖐 **水分：** 极其耐旱，叶子打蔫再浇水也来得及。

✂ **修剪：** 开过的残花及时摘除，这样看起来才更精神。

1 ☀ **我要很多阳光**

　　种太阳花最重要的就是要给它充足的光照，在全日照环境里栽种最好，如果是阳台种植就放在最外侧，保证每天上午被太阳直射，这样花朵才会盛开。午后花朵会慢慢闭合，不要急着摘除，一朵太阳花大约能盛放三四天，之后，将枯花连同 2~3 厘米的茎一道摘除。

2 ☀ **一枝变一盆**

　　种太阳花务必要尝试自己扦插一盆，因为真的是零难度。挑选 7~10 厘米长的健壮枝条，将枝条剪下，略微晾一会儿，然后插入潮湿的土中。如果是盛夏季节，扦插后需要遮阴两天，如果是春季则无需格外照料。用不了多久，这一枝就会繁茂生长，成为一小盆"你亲自培育"的太阳花。

3 ☀ **种过太阳花的花盆别扔**

　　松叶牡丹很容易在花后结出种荚，一粒种荚里有数百粒小种子，它们会掉落在盆中，第二年四五月，气温适宜的时候就会发芽。只需要偶尔浇浇水，就能重新拥有一盆太阳花，是不是很棒？

六月
父亲节

阳刚之美向日葵

若评选最具有阳刚之美的花，向日葵肯定是热门候选人。大而明亮的花朵，笔直向上的茎秆，兼具力与美的特质，这样的花实在少有。

代表着信念与光辉的向日葵，花语是「沉默的爱」，在花花草草的世界里，没有什么比这种明朗又坚强的花，更适合在父亲节送出。

♥ 播种简单到小朋友也可以轻松种植
♥ 明亮的花朵只要有阳光就能盛放
♥ 照料得好还能够享受花谢后收获的果实

Father's
Day

明亮的
太阳之花

　　虽然是全球非常重要的经济作物之一，向日葵却不像其他作物那样低调朴实，大片的向日葵花海是经常出现的文艺电影画面。它既有外在美，又有实用价值——多么像这个时代大家对男人的要求啊。

　　可能由于大家心目中向日葵"高大壮硕"的印象，很少有人尝试盆栽向日葵，最多是在花店里买一束向日葵鲜切花插瓶装饰。其实，向日葵的品种异常丰富，有高达两三米的高型品种，成片栽培，主要用于食用、榨油；也有中等高度的多头向日葵，更注意花朵的观赏效果，是重要的切花品种，而50厘米以下的矮型品种，则大多为盆栽园艺品种，有不少重瓣向日葵，是庭园和阳台都可以轻松挑战的品种。

　　迷你品种的向日葵，在欧美国家已成为亲子盆栽的好选择，小朋友亲自播种，照料，看着茁壮的小苗慢慢成长，开出明亮的花朵，在这个过程中体会什么是责任与爱。

花礼自己做

盆栽向日葵虽属迷你品种，但是相较其他花草仍然是高大威猛，包装应力求简洁有力。

1 选择个头适中，正在盛开的向日葵。

2 选择色调沉稳的包装纸，用拆下来的二手纸袋会更有趣。

3 直接裹住花盆及植物，封口处用双面胶粘上。

4 扎上与花色呼应的细绳，写上给爸爸的祝福。

凡·高的向日葵在现实里存在吗

向日葵和凡·高经常结伴出现。然而，凡·高画的是什么品种的向日葵呢？真有人研究过。虽然画作里的花朵比较古怪，但研究人员说，将普通野生型向日葵和双重花瓣突变株向日葵杂交，真的能够得到画作里的品种。如果这种向日葵能够稳定地作为园艺品种出售，那它应被命名为"凡·高"。

没有迷你品种也不要紧

向日葵根据性状表现不同，分为很多种，其中，花田里的向日葵都长得一人多高，而盆栽则更看重花朵的美貌，但这些有趣的品种的种子并不随处可见。其实，向日葵完全可以随性栽种，普通的花田向日葵种在花盆里，它就会长成小小的一株。在花苞未萌发的时候进行摘心，还会由单头变多头，虽然比不上精心培育的品种那么讲究，但作为花礼，更能体现一份独特心意。

向日葵从哪里来

原产北美的向日葵，是怎么走进中国人的生活的？大约 4000 年前，北美印第安部落已经开始种植向日葵，并作为粮食作物。1510 年，西班牙探险家航海来到北美，把向日葵带回了欧洲，大概在差不多的时间，向日葵经过太平洋丝绸之路来到了菲律宾，由菲律宾传至中国（此外，玉米和烟草买的也是这条航线的船票）。而在中国，最早有记载种植向日葵是在东南沿海地区。它适应性强，喜欢温暖干燥的气候，现在种植非常广泛。

<table>
<tr><td>Care
照料篇</td><td>向日葵在荒野里也可以蓬勃开放，照料盆栽最重要的就是保证阳光的充足，其他的要求并不高。</td></tr>
</table>

一 分 钟 学 会 打 理

◎ **阳光：** 喜阳，阳光越好开得越热闹。

🖐 **水分：** 喜旱，不耐积水，浇水应注意控制。

✂ **修剪：** 下部叶片容易枯黄，应及时摘除。如果想要多开几朵花，可以进行摘心。

1 自己播种向日葵，一点不难

送给父亲的向日葵可以直接购买盆栽，也可以尝试自己播种，难度很低。从播种到开花大约需要两个月的周期，向日葵种籽大而易发芽，种在花盆里，盖上1厘米厚的土，定期浇水，放在阳台上不用多照管，看着小苗慢慢长大。如果购买盆栽，则尽量选择花头多、含苞待放的粗矮植株。

2 阳光决定成败

从向日葵的名字就可以感受到这种花对于阳光的需求，不过也别过虑，在阳台上种植，每天能保证3~5个小时的阳光直射就能正常生长，只是植株较为纤细，花朵也会较小。另外，向日葵在20～35℃长势最佳，父亲节所在的月份正适合它。

3 其他还需要做什么

如果不是为收获果实而种植的向日葵，肥料上不必过多考量，想要花更硕大，播种的时候在盆里埋一些基肥，或是加些颗粒缓释肥都可以。此外，它是一种喜旱的植物，所以浇水要控制节奏，使用的盆土也要保持排水良好，积水会使向日葵叶片发黄，长势羸弱。

情愫滋味，玛格丽特

郁郁葱葱的一株，开出一簇可以用于占卜爱情的甜美花朵，这就是玛格丽特。

♥ 羽状叶片透出相当讨喜的小清新风格

♥ 春秋两季盛花，有着开花机器的美称

♥ 堪称最易扦插繁殖的草花之一

从马克·雅可布的雏菊香水，到好莱坞经典爱情电影《电子情书》里令男女主角渐生情愫的白色花朵，注定了它是表达爱意的最佳道具。

Double Seventh
Festival

永恒的
少女心

马克·雅可布（Marc jocobs）的雏菊（Daisy）香水造型惹人怜爱，一朵娇弱的小菊斜插瓶口，无论是粉色还是白色，宛若温柔的少女心，一说小雏菊，人人都知道。

然而，人们把香水瓶上的花朵称为"雏菊"，现实中作为香水包装灵感的花朵，却被翻译成玛格丽特。而在园艺市场上，挂着雏菊名牌的，则是另一种重瓣、管状花、色彩艳丽丰富的多头小菊。

不管究竟是什么，从古对今，这种植物一直受到女性的喜爱。因为它不仅美得非常少女，而且一直被用来象征期待与爱慕，一如 Daisy 香水，设计师的灵感就来自《了不起的盖茨比》中盖茨比对女主角的爱意。

白色、粉色或是黄色的花，虽然单朵的直径不大，但密集开放时却能够营造出华丽的装饰效果，它是极受欢迎的庭园地栽植物，盆栽也很普遍。并不需要多么细心的照料，只要记得浇水，就能够在阳台上装点整个春天。酷暑过后，赶着秋高气爽再开一波。

花礼自己做

玛格丽特有个很有趣的特质，就是开花极旺，哪怕是几个月的扦插苗，只要气候适宜，都能努力开出几朵。亲手培植出的小植株，制成花礼有着难以想象的效果。

1 选择已经含苞待放的迷你植株。
2 配上大小适宜的花器，以能捧在掌心为准。
3 随意涂一个简单的表达爱意的图案，有趣的花礼就完成了。

送花礼
有谈资

不仅美，还负责预言爱情

用花朵来占卜爱情，是女孩子乐此不疲的游戏。摘下一朵花，念着"喜欢、不喜欢、喜欢、不喜欢"，每念一句摘一片花瓣，最后一片花瓣所代表的，就是答案。然而，随便什么花朵都能够用来占卜吗？当然不，连公认的爱情之花玫瑰也不可以，若认真地遵循传统，唯有玛格丽特可以承担这一重任。

Daisy 到底是什么花

英文 Daisy 所指甚为宽泛，是多种小菊的通称。但爱情电影中作为传情达意的道具时，Daisy 通常是指玛格丽特，它的花朵单纯可爱，深得 16 世纪的挪威公主玛格丽特（Marguerite）喜爱，故而她以自己的名字为此花命名。此花又被称为 Paris Daisy，因为它最早在法国巴黎地区大量种植。

野草 VS 受宠的花

野生的玛格丽特长势茁壮，根部茎干很容易木质化，是介于灌木与草花之间的存在，在冬季温暖的南欧和北非都是多年生植物。由于生命力过于强健，经常成为农夫们的困扰，被称为"讨厌的小白花"。在被园艺专家们看中并进行选育培植后，现在的玛格丽特花色更为丰富，也出现了更具观赏性的重瓣品种，是花市上超有人气的一类植物。

Care
照料篇

叶片茂密，花头众多，株形挺直并且呈讨喜的圆球形，这是玛格丽特的理想状态，但是能不能把自己的这盆照料成那样呢？试试。

一 分 钟 学 会 打 理

◎ **阳光：** 喜阳，阳光不足容易落蕾，叶片也会枯黄。

◟ **水分：** 虽然比较耐旱，但由于叶密花繁，水分蒸发量大，所以需要及时补水。

✄ **修剪：** 养玛格丽特绝对有助于提升修剪能力，日常的残花修剪和花季过后的强剪都很关键。

1 轻装度夏

玛格丽特虽然非常喜欢阳光，却讨厌酷热的夏天，在高温下长势差，还会出现茎叶枯萎的现象，所以，在初夏时进行强力修剪，剪掉全部花头及上端大部分叶片，只留下较为粗壮的下部茎干，会让它在夏天过得比较轻松，一旦气温凉爽，它就会立刻发出新叶，迅速开花。

2 幸福的小烦恼

作为一株"开花机器"，玛格丽特一个花季可能开出上百朵甚至更多，而且是此起彼伏地开花，美中不足的是，开过的花会迅速枯干，如果不及时修剪，很影响整体美感。由于花量大，几乎每隔两三天就要进行一次整理。这也是种玛格丽特的幸福小烦恼。

3 自己插一株

玛格丽特是草花中扦插难度最低的几种之一，非常容易成活。在春秋两季都可以进行扦插，剪下大约10厘米长的当年生壮实枝条，适度剪去叶片——这是为了防止水分蒸发过快，插在育苗盆中，两周左右就能生根，只需简单的浇水照料就好，要不了多久，小小一盆也可以开花了。

百般美意常春藤

心形绿叶缀满长藤，优雅安宁又充满活力，无论何时凝视常春藤，都能感到被抚慰鼓舞。

这个节日拥有丰富的文化内涵，对老师的种种美好祝愿都可以借常春藤来表达，它象征活力、友谊、忠贞、感化，又有常春藤名校联盟之名加持。在教师节，选择一盆精致的常春藤，双手奉予师长，相当得体。

♥ 叶形玲珑秀美，是常绿藤蔓植物中的明星之选

♥ 耐阴耐旱，水培也能旺盛生长，照料难度极低

♥ 枝软叶美，是最易于造型的盆栽植物

Teacher's
Day

百变
大明星

　　没有鲜艳的花朵，叶片也小小的不起眼，照理说，这样的植物通常只能充当配角，但常春藤却是园艺界当仁不让的大明星，关键在于它的百变造型。庭园绿化、窗台盆栽、门廊垂吊、案头小品，它统统都能精彩演绎！

　　四处攀爬的特质，让它能够在一个生长季就让整面墙绿意满满；作为盆栽植物，无论是单独种植还是跟开花植物合植，常春藤都能充分表现魅力；而柔软修长的枝条，则让它在垂吊篮里更能展示如绿瀑般的美感；至于在餐桌布置、手捧花、瓶中盆栽（Terrarrium）等需要心思的地方，常春藤更是超级好用的素材。

　　以瓶中盆栽为例，这种在透明玻璃瓶中组植的园艺方式，因为精致巧妙而格外受都市人欢迎，但并不是所有的植物都适用。常春藤以叶色丰富、形状易造型、干湿适应性强等特点，成为"瓶栽"常用品种。

　　能够摆出各种"凹造型"是常春藤的独特优势，配合园艺支架，常春藤能够轻松成身环形、心形、圆形、塔形……无论是欧洲古典园林中的经典造型，还是现代园艺中的创意造型，它都能胜任。

　　因此，你大可以自己种一盆心形常春藤，送给……

花礼自己做

常春藤易生根，枝条柔软，适应性强，可轻松实现各种创意。

1. 选择一至两株较为小巧的常春藤，可以从盆栽中挖取后洗净根部，也可以提前 5~6 周用水插法培育。
2. 选择透明的蛋形分体式玻璃容器，下部加入颗粒植料。
3. 将常春藤植入，适当浇水，盖紧盖子。
4. 扎上漂亮的蝴蝶结，可以手捧的心意盆栽就完成了。

送花礼
有谈资

神话中的活力植物

由于四季长绿的特质,常春藤历来被认为是有神奇能量的植物。在古希腊传说中,植物之神、酒神狄俄尼索斯(Dionysus)的象征就是常春藤。据说他曾被海盗捉到船上绑起来,但转眼间,铐镣自行脱落,常春藤瞬间爬满了桅杆。因为这样的传说,参加酒神祭祀的圣女会头戴常春藤冠,手持缠满常春藤的神杖,以此来祈求获得不老的青春与永远的活力。

除了绿化,还能充当有机建材

常春藤的原生地在欧洲与西亚,由于在自然环境中它能够轻松攀爬到20米以上的高度,即使是古堡高墙也能轻松覆盖。所以在英国和爱尔兰乡间,它很早就被当成一种天然有机建材使用,在墙角种植常春藤,让它爬满屋顶,能够有效调节室内温度,冬暖夏凉,还能保护房屋免遭恶劣天气破坏。

偶尔变身"坏小子"

大受欢迎的园艺植物常春藤,在澳大利亚、美国及新西兰的某些地方,却被明令禁止种植,为何?还是它那强大生命力惹的祸。在气候适宜的地方,常春藤生长旺盛,四处蔓延,它浓密的枝叶会遮挡阳光,造成其他植物死亡,如果从公园逸生到郊野森林,它更会附于大树之上,造成树木死亡,因此常春藤被视为有害物种。美国俄勒冈州甚至禁止进口与出售常春藤。

理想的常春藤盆栽，叶色鲜艳，枝条繁茂，尖梢会源源不断长出新叶，令人感受生命之蓬勃美好。如何才能照料出这样的常春藤？

一 分 钟 学 会 打 理

☼ **阳光：** 至少需要散射光才能正常生长，在阴暗的地方摆几天就需要晒晒太阳。

🌊 **水分：** 土植的比较耐旱，水培的管理更为简单。

✂ **修剪：** 去除枯叶，如果长得过于杂乱要修剪枝条。

1 土培不佳？试试种水里

　　虽然常春藤耐旱，但总是缺水也会状态不佳，若担心掌握不好浇水量，不如转为水培。直接去除常春藤根部的土块，用清水冲洗根部后，剪去烂根，泡入水中，前期要定时换水，当白色的新须根大量生出后，养护几乎就是零难度了。如果想更好地固定根部，用水植篮或在水中加入陶粒都很简便。

2 越花哨的越需要阳光

　　常春藤属于比较耐阴的植物，室内的散射光就完全能满足其生长需求，夏天放到窗边还可能被阳光灼伤。然而，这不代表阳光对它不重要，历经多年的园艺栽培，常春藤已发展成一个成员众多的大家庭，叶片的大小、形状、卷曲度各有不同，叶色也从起初的全绿到现在有各种具有金、银斑纹或镶边的花叶品种。花叶品种就比全绿品种更需要阳光，如果发现漂亮的花纹变得不显眼了，那是告诉你，该补充阳光了！

3 常春藤也需要"常春"

　　带给人们四季如春般的绿意的常春藤也喜欢生活在春天里，在20℃上下它的长势最为旺盛，除了个别耐寒品种外，常春藤基本不能忍受零度低温，进入夏天它也会变得萎靡不振、容易晒伤，还可能烂根。如果是土植常春藤，可以在夏天间隔性地用喷雾来代替浇水。

雅集手信凤尾竹

『重装墨画数茎竹，长著香薰一架书。』竹子之于中国人，不仅是长在大江南北的一种植物，更被寄予丰富的人文精神情怀。

♥ 挺拔的茎节如文人的风骨

♥ 四季常绿的竹叶充满飘逸灵动

一盆文雅秀丽的案头小竹，与我们诵读过千百遍的诗词结伴而来，在中秋节这个传统的节日中，是恰到好处的点缀。

Mid-Autumn
Festival

松大夫、
竹君子

《世说新语》里记载了这样一个小故事："王子猷尝暂寄人空宅住，便令种竹。"别人问他原因，答案是："何可一日无此君？"

竹，自古至今，都是中国文人精神世界中不可或缺之物。

竹子在日常生活中是非常重要的经济作物，禾本科竹亚科有1000多种竹子，分成10多个属，广泛分布于世界各地。按地理区域分，中国处于亚太竹区，生长的竹子超过900种，吃穿用住，都有赖竹子这种生长迅速的植物。

然而，与中国人谈论竹子，人们第一时间想到的，往往不是竹子实际的好处，而是些非常形而上的词汇：高风亮节、谦逊自持，谦谦君子……在某种意义上，竹子就是"君子"——中国传统文化中最受推崇的典范化身。

居住在现代化的城市中，很难像王子猷般的"居有竹"，但小小一盆清赏之竹，同样可以日日相对，明心见志。

花礼自己做

由于株形的限制，大部分竹子都无法盆栽，常用的盆栽清供以小型丛生竹品种为主，代表品种就是观音竹，它的茎枝清劲有力，竹叶疏朗。在设计花礼时，应突出这些特色。

1. 选择一盆长势较为旺盛的观音竹，修剪掉枯叶和旁生乱枝。
2. 使用色彩较为素雅的花器，突出竹子本身的气质美。
3. 土面铺设树皮进行遮盖，整体感觉更为雅致。

送花礼
有谈资

竹子会越长越粗吗

种植多年生灌木盆栽的经验是，树干会越长越粗。而竹子则比较特别，栽培日久，它会不断生出新笋，长成新竹，但竹子的粗细则始终保持在一个固定的范围内。另一个有趣的常识是，竹子在笋生出的那一天起，粗细就已确定，这就是俗话说的"笋有多大，竹有多粗"。 科学地解释是植物茎部长粗有赖于树皮上的形成层细胞不断繁殖，而竹笋没有形成层，所以，竹不会长粗。

散尾葵是凤尾竹吗

在园艺市场，散尾葵由于叶大而长，形态优雅，也经常被称为凤尾竹，虽然这个称呼并不正规，但叫久了也被大家接受了，所以，有时候难免和真正的凤尾竹混淆。不过并不难分辩，盆栽凤尾竹个头较小，而散尾葵通常是一米多的大型盆栽，即使不能判定它的棕榈科特征，也可以根据"个子"来确定。

赏竹，风姿各异

由于竹子家族成员繁多，能够用于盆栽的品种除了观音竹、凤尾竹外，还有佛肚竹、斑竹、菲白竹等，赏玩之点各有侧重。比如佛肚竹以秆节膨大呈佛肚状为特征，主要欣赏的是它秆形的奇趣；小巧玲的菲白竹叶面有白色宽条纹，以赏叶色为主；斑竹则以竹秆上有紫色斑点得名，主要赏玩的是秆色。观音竹凤尾竹叶片浓绿，株形清雅，欣赏的是全竹的风姿。

Care
照料篇

在自然环境中繁茂生长的竹子，转为室内盆栽，在习性上有诸多需要我们格外在意之处，赏玩之余要认真观察学习。

一 分 钟 学 会 打 理

☼ **阳光：** 喜光，通风要好，在春秋季可以适当放在户外养护。
🖐 **水分：** 不耐旱，怕积水，可以采取浇灌与喷雾结合的方式。
✂ **修剪：** 定期换盆，修剪以美观为原则。

1 浇水不可一概而论

观音竹喜湿，但在盆栽渗水不比地栽，所以要注意避免盆中积水造成烂根。此外，出于美感上的考虑，竹子经常是按传统盆景的方式浅植，在水分的补充上就更要因竹而异。要注意浇水不过量，在比较干燥的室内，如果发现叶片打卷，可以通过喷雾来提高湿度。

2 灵活修剪显风姿

观音竹虽然粗细适中，但高度上却经常让人犯难。在生长季节，有些新笋蹿得过高，导致整盆植株比例失调。这种时候要懂得取舍，果断截掉过高的枝条。另外，盆栽竹讲究疏朗的气韵，如果发出过多的新枝，要有选择地只留下一部分。

3 换盆分株，一举两得

竹子的繁殖是通过地下竹鞭的延伸，竹鞭在花盆中虽然不像地栽那样旺盛蔓延，但也要定期翻盆分株，截去过多的竹鞭。至于间隔多久，要视盆栽长势而定，如果发出的新枝过多，花盆里拥挤不堪，就一定要换盆分株了。如果长势较为稳定，则可以延缓分株时间。通常在春末进行这一工作。

十二月
圣诞节

公私两宜一品红

白雪季节，集圣诞的标志色——红绿于一身的一品红，是最具时令感的生机盆栽。

♥显眼的红色苞片是营造节日氛围的最佳道具
♥丰富的园艺品种满足挑剔的需求
♥无需特意照料也能美足整个圣诞季

一品红，或者称为圣诞红，花语是极为讨喜的『祝福』以及『我心燃烧』，无论是哪一句，都足以打动对方的心。无论是作为商务花礼赠送，还是私人手信，在辞旧迎新的岁末都是如此得体。

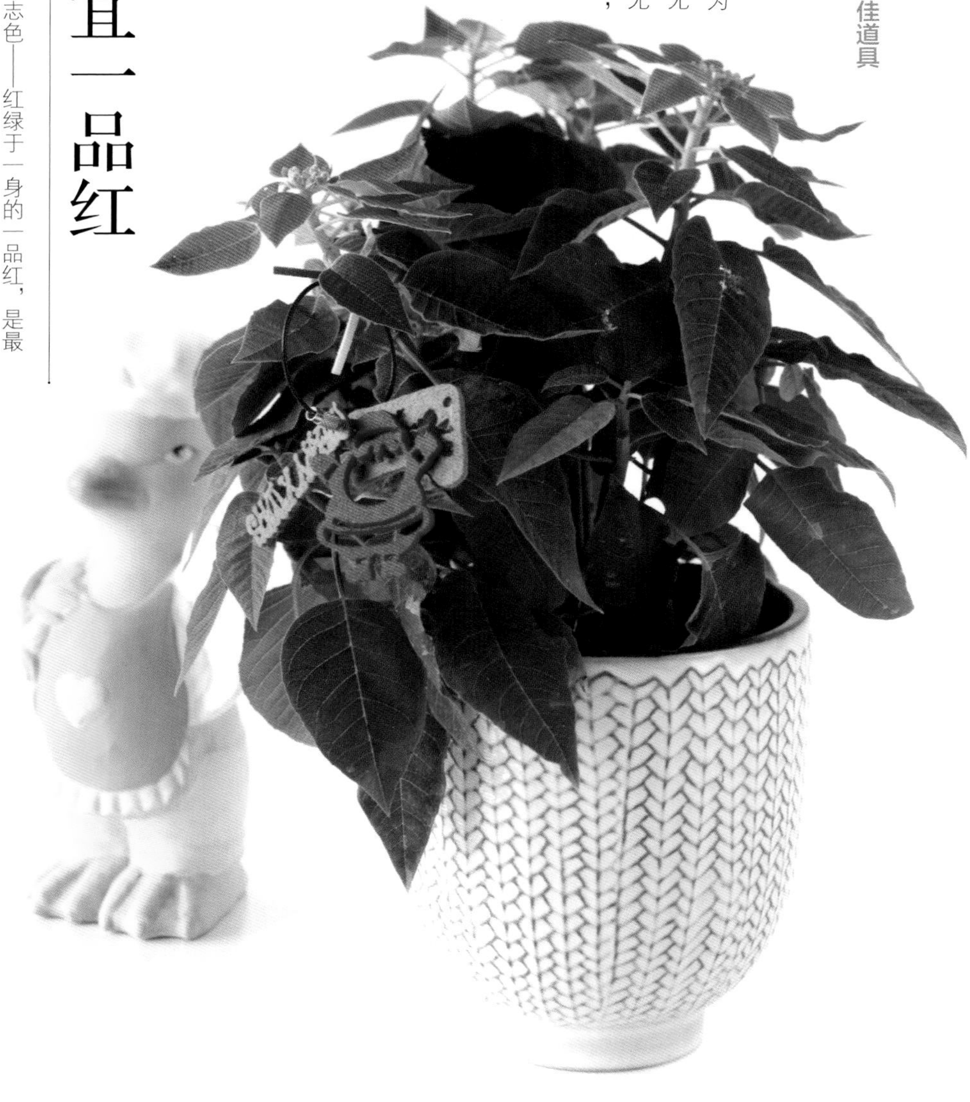

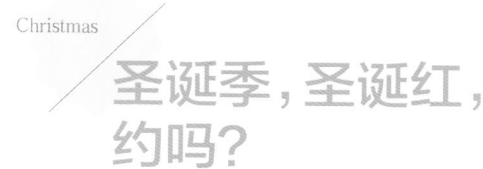

Christmas

圣诞季，圣诞红，约吗？

只要看见购物中心在欢迎处摆出一品红的花塔，就知道圣诞季到了。

作为和玫瑰、康乃馨并称的节日标志植物，一品红有个很特别的地方，就是它真的只在圣诞节面市，其他的季节很少看见。这固然是因为它的生长习性，确实很难在春夏季开花；另一方面，也因为它作为圣诞标志的地位太过根深蒂固了。即使现在已经有可以四季观赏的花卉，但人们还是一边哼着《铃儿响叮当》，一边在案头摆上一品红。

另一个特别的地方，就是人们观赏它，与其说是观花，不如说看的是它的苞叶，而聚集在苞叶顶端，非常细小的球状花朵，不注意观察就会忽略过去。

从中美洲原野上的大株灌木，到无论是欧美还是中国，都会在圣诞季摆放的盆栽，一品红的成功完全是一个"有心栽花"的商业故事。然而，那也是因为它确实符合了人们圣诞季节的需求：湿冷隆冬之时，人们太需要这样热情洋溢的植物来装扮生活了。

花礼自己做

用于家庭盆栽的一品红属于矮化灌木，根茎硬挺，苞片大而鲜艳，将这样的植物作为花礼，无需复杂包装，只需加一两件小巧讨喜的圣诞饰物便足以烘托出气氛。

1 选择苞片艳丽、大小适中的一品红盆栽。

2 不用换盆，直接套入准备好的素雅花器。

3 挂上具有圣诞气息的小饰物，比如金色铃铛或是圣诞老人，大功告成。

送花礼
有谈资

商业传奇一品红

别小看这盆一品红，它的商业推广可以写入教科书作为案例。虽然现在它是圣诞节的必备装饰，但在 19 世纪之前，它却不曾登上历史舞台。19 世纪初，时任美国驻墨西哥大使的波因塞特（Joel Roberts Poinsett），在当地发现在了这种冬天如此美丽的大戟科植物，将扦插枝条带回美国。然后，保罗·艾克公司（Paul Ecke）对其进行了驯化培育，让它从野生的小树变成适合家庭摆放的盆栽，并且通过各种游说推广，在 20 世纪 60 年代前后，成功地将一品红打造为畅销的节日植物。

一品红，不仅有红的

虽然红绿配是最经典的圣诞色，但看久了确实也会审美疲劳。在一品红的大家庭中，除了红色，还有金黄色、粉色、奶油色等同样讨喜的色系。另外重瓣苞叶的品种也日渐兴盛，比如深受女性喜爱的甜蜜玫瑰（Dulce Rosa），呈现的就是诱人的桃红色，叶片也较为狭长。所以，如果厌烦了一承不变的深红色，也可以选择其他颜色的或是斑叶品种，感觉也相当不错。

有毒？多虑了

很多人对一品红的印象是"好像会流出有毒的汁液"，别太担心。大戟科中少数植物的奶白汁液毒性较重，但一品红是安全的品种，已经有实验证实它并无毒素，不会危害人类，墨西哥土著还曾用它来治疗感冒呢。当然，折断树枝后流出的白色汁液，可能会导致部分人群出现皮肤过敏，立刻去洗手就没问题。

其实作为节日盆栽，只要保证一品红在圣诞季处于完美状态就算合格了。如果想要挑战高难度的——比如明年圣诞让它再红起来，也不是不可能！

一 分 钟 学 会 打 理

☀ **阳光：** 已经盛放苞片的盆栽可以摆放在家中任意角落。

💧 **水分：** 在开花季节"见干见湿"，后期养护时应注意控水。

✂ **修剪：** 除了偶尔摘除下部的枯叶外，赏花期无需修剪。花期后要进行强剪，只留下短枝条。

1 ☀ 美美过圣诞

通常花市出售的一品红都已经是苞片开放宜于观赏的状态，所以，只要记住两点基本的日常照料原则，就有近两个月可以欣赏。①浇水：一品红耐旱，宁干勿湿，浇水的时候从根部浇，不要打湿叶片和花朵。②光照：已经绽放的一品红能适应各种光线，在阴暗的室内也照美不误，但适当搬到窗前让它接受一下阳光，会让它的叶色艳丽得更长久。

2 ☀ 叶片变绿怎么办

一品红的观赏重点是它的鲜艳苞片，但它的显色很容易受到光线、水质及其他环境因素的影响，所以对一些容易导致麻烦的常见因素，要提前做好准备。如果买来的一品红苞片尚未成熟，就要在白天尽量加强光照，同时夜间不要放在有灯光的地方；作为热带植物，一品红对低温很敏感，15℃以下就可能出现叶片冻伤，要格外注意。

3 ☀ 春季照料大动作

和其他植物在春季萌发生长不同，一品红在春季花朵凋谢，将进入休眠期，这个时候应修剪枝条，摘除花心，控水，让它轻装上阵。春末的时候它会再度萌发新枝，之后经过夏秋季节的生长，10 月前后进入花芽分化期，这个时候的照料要点是"遮光"，即每天只让它接受大约 8 个小时的光照，剩下的时间要遮光，否则它就开不出花来，苞片也不会变红。虽然听起来很复杂，但实际操作一下就会发现不难，而且，亲自养出一品红会更有成就感！

Guide

攻略

在适当的节日
送正确的花
给对的人

三要素确定节日花礼

☀ 节日内涵

东西方的传统节日都有文化渊源，除了要根据节日的主题选择祝福的人之外，也要考虑植物风格与节日内涵是否配合。比如华丽热闹口彩又好的仙客来、长寿花、兰花，适合春节、元宵这种传统佳节；而青年节、儿童节这种比较国际化的节日，则可以选择更有创意的琴叶榕、太阳花、非洲堇等人气盆栽作花礼。

☀ 植物花语

大部分花草都有自己的花语，选得好，是锦上添花。但要注意，不是每种花语都寓意美好，例如大丽花，虽然美貌却代表着善变；紫色的风信子则是悲伤的代言人；还有小巧玲珑的欧石楠，花语是孤寂。虽然植物本身并没有这些负面能量，但约定俗成的花语却会令这份美丽的礼物失色不少。

☀ 对方喜好

无论送什么礼物，都要以人为本。玫瑰再好也有人不喜欢，那何不以雏菊来传达爱意？花礼盆栽是为心爱的人度身定制的，当然要以 Ta 的喜好为重。收礼人所处的环境、是否有特殊的审美偏好，都要一一考虑。

节日花礼，一表搞懂

时段	主要节日	可选盆栽	特色
1月	元旦	仙客来	株形紧凑，花朵形状类似兔耳，花蕾密集，色彩艳丽而且花期长，养护也相当简单。
		蟹爪兰	拥有犹如蟹爪般扁平的悬垂茎节，花朵在茎的顶端开放，色彩浓艳质感独特，新年期间特别能渲染氛围。
2月	春节、元宵、情人节	彩色凤梨	顶端的红色或粉色苞片象征着"鸿运当头"，在春节期间甚为讨喜，而且显色时间颇为持久。
		蝴蝶兰	冬季最为绚烂的开花植物，由于附生的特质而具有小盆繁花的特点，加上节庆装饰，是非常主流的花礼选择。
3月	妇女节	报春花	最早的春季草花之一，小而浓艳的花朵衬着大片绿叶，清新可喜，是很提振精神的植物。
		非洲堇	在室内的阴暗光线下仍能盛放，园艺品种极其丰富。不过以蓝紫色系为主，作为礼物建议选择粉色品种。
4月	上巳节 （三月三）	三色堇	俗称猫脸花，三色花瓣迷人有趣，矮生特质非常宜于手捧赏玩，也是非常适合送给年轻女孩的礼物。
		杜鹃花	十分易于造型的开花灌木，色彩以红、粉、白为主，硕美丰盛，是非常有生气的盆栽品种。
5月	劳动节、母亲节	非洲菊	又名扶郎花，也是常用的切花，盆栽则更为紧凑丰满，花形直立向上，互敬互爱的花语很百搭。
		草莓	盆栽草莓在春末正值挂果期，绿叶红果，还有陆续开放的小白花，既可赏，亦可食，作为花礼赠送，大受欢迎。
6月	儿童节、端午节、父亲节	碗莲	小型碗植莲花品种，迷你的花叶极为有趣可爱，可以捧在掌上，也是适合作为礼物。
		扶桑花	大而艳丽的花朵极为气派，代表着新鲜的恋情，微妙的美，悦目赏心，二者兼具。

时段	主要节日	可选盆栽	特色
7 月		龟背竹	夏季酷暑，常绿观叶植物龟背竹带来的清凉感恰到好处，叶片上的孔洞让它具有一种天然的设计感。
		茉莉	中国传统香花植物，绿叶白花，送来悠悠芬芳，表达美与爱，是令人会心一笑的花礼。
8 月	七夕	圆叶福禄桐	来自东南亚的观叶灌木，圆形叶片和直立茎干是其特点所在，作为南洋森属植物，被称为福禄桐完全源于我们的精神需求。
		玉簪	不仅是花园常见的地被植物，用作盆栽也很合适，心形绿叶幽静娴美，在夏末会抽穗开花，更添风姿。
9 月	中秋节 教师节	八宝景天	种植零难度的景天属植物，与其他多肉相比最大的优点是株形高大，粉色簇生花朵十分显眼。
		橄榄树	典型的欧风盆栽，与当下流行的冷淡系家居风最为合拍，和平与希望的寓意受到一致认同。
10 月	国庆节	桂花	三秋桂子是中国人对秋季景色的代表性描述，盆栽品种同样开花繁盛，浓重的甜香就是最美的祝福。
		鹿角蕨	新兴的蕨类植物，叶片顶端呈现如鹿角般的分岔，可以悬浮或种植于蛇木板上，别具一格。
11 月	感恩节	舞春花	又称为百万小铃，人工培育的品种四季开花，喇叭状花朵极为繁盛，花语是安全与温馨。
		虎皮兰	有净化空气作用的观叶植物，代表着坚定与刚毅，叶片绿黄相间，虽然不开花，但观赏效果上佳。
12 月	圣诞节	朱顶红	近几年的人气球茎盆栽，硕大的艳丽花朵表达着对爱的向往，在冬季的室内是让人惊艳的植物。
		玉珊瑚	比较少的观果盆栽品种，在圣诞节前后，圆形果实会渐渐由绿转红，丰收与喜悦的感觉十分浓烈。

Part 2

投我以木瓜，报之以花礼

科技总在不断地改变人们的生活，社交媒体的兴起，让我们与朋友享有前所未有的亲密关系，实时共享生活里的小确幸变得如此简单。

一个小小的遗憾是，太过便利的沟通让人们难得再亲笔写一封信，或是相约在拐角邮局不见不散。这些怀旧的小情调，虽然与快节奏的生活不那么合拍，却温馨而令人留恋。

那么，找寻一些与这个时代更合拍的乐趣吧。

与科技的高速发展同步骤增的，是对自然乐活的追求。养花，种菜，回归田园，这些都成为潮流乐事。多肉、食虫植物、苔藓，一波波成为都市案头的新宠。

那么，亲手准备一盆花草，让它替你向新朋老友问候致意，可好？

芬芳实用百里香

是应用最广泛的食用香草，也是能够传情的常见盆栽，内外兼具的百里香，值得多加关注。

♥ 直立向上的株形明朗积极

♥ 淡雅的香气广受欢迎

♥ 既可供欣赏也有很强的实用价值

请不要仅仅将百里香当成一盆绿植，它象征着勇气与守护，其深厚内涵足可以写成一本书。

Love

饮食，
男女

百里香真的是"饮食，男女"这四个字在植物界的优秀代言。首先它与吃分不开，对其最普遍的认知是食用香草，中、西餐百搭无碍。然而在它悠久的种植历史中，随手拈来便是与爱有关的典故。比如它的来源，爱神维纳斯为特洛伊战争中的逝者落泪，泪珠中诞生了百里香。在很长的一段时间内，希腊少女们将百里香别在胸前，表示对爱的期待——因为成片生长的百里香在初夏会开出粉红色或白色的小花，引来蜜蜂环绕。

有什么植物能与人类最本能的两大欲望——饮食、男女相搭配？唯有百里香。

在欧洲药草学中，百里香被发掘出的价值还远不止这些。它能帮助消化，能消炎、防腐、利尿。除了在烹饪中使用之外，百里香鲜叶或是晒干的枝条可以用来泡花草茶。它是一款居家旅行必备，又富有情感内涵的"万能"香草。

花礼自己做

百里香最适合的花器是典雅的红陶盆，也无需过多修饰，简单地包装，保有它的田园气息就是最好的装饰。

1 选择2~3盆长势健旺的百里香；
2 根据纸盒大小，将百里香整齐地摆放好，如果怕不稳可以在盆下方塞进纸团帮助固定。
3 加上既是装饰也便于携带的拎带后，便完成了。

Love

送花礼
有谈资

百里香男人

以花草来赞喻男子并不常见，百里香偏偏就有这个荣幸。原产于地中海沿岸的它，早在古希腊时期就被广泛种植和应用，并且被当作勇气的象征，"百里香男人"可理解为"男人味"。古罗马男人上战场前，会用加进百里香叶的水来洗澡，据说这样能够让战士在战场上勇猛无惧，为出征的爱人胸前别上一枝百里香，也是古老的欧洲习俗之一。

破晓的天堂之味

不同于迷迭香或是薄荷那浓郁而独特的香味，百里香的香味是非常淡雅的，那是一种轻柔的麝香味，需要搓揉枝叶才能闻得到，中世纪的游吟诗人将这种味道形容为 "破晓的天堂"。所以，百里香不仅在西餐中应用广泛，即使在没有使用香草传统的中餐烹饪中使用，也不会有违和之感，不信，试试下次做红烧鸡翅时加一点百里香，绝对中西合璧、味道大增。

你喜欢哪种百里香

作为应用历史悠久的香草，百里香的分类也比较繁杂，主要可分为三大类：原生百里香，又称法国百里香，叶子较细小，直立向上；柠檬百里香，叶片较为圆润，其香气为麝香中掺有柠檬清香；匍匐百里香，贴地生长，最为耐寒，通常只用于园艺绿化而不作食用。这三种百里香各有优劣，不过，厨房里最常用到的还是原生百里香。

Care 照料篇

百里香是一种很强健的香草，但要种出园艺书里蓬勃的样子，还是有不少需要注意的地方。

一 分 钟 学 会 打 理

◎ **阳光：** 喜光，喜温暖天气，发现有徒长现象要及时补充阳光。

🖐 **水分：** 耐旱，可以等盆土干透再浇水。

✂ **修剪：** 是非常耐修剪的植物，不管为了采收枝条还是对形状不满，尽管大胆修剪。

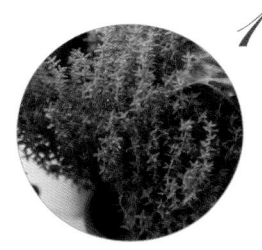

1 春秋季都可以放养

从野生香草驯化而来，百里香的生命力非常强健，耐旱、耐涝，但盆土如果积水严重，长势会比较弱。阳光充足，它便株形丰满，频频分枝。阳光不足，它也能生长发育，但是会呈现不太健康的瘦高条状，枝条也容易打软。所以，在春秋两季气候温和的时候，不妨把百里香放在窗外，任它风吹雨打，健壮生长。

2 收获养护两不误

百里香属于丛生小灌木，是的，没看错，虽然它比较矮小，但它不是草而是灌木。从根部大量分化出半木质化的茎，不断生长，形成大致如橄榄球般的一丛。如果需要采收枝叶用于烹饪，建议不要仅摘取顶端的，应对植株的中间部位进行修剪，这样，能够加强通风，让枝叶更为健康。

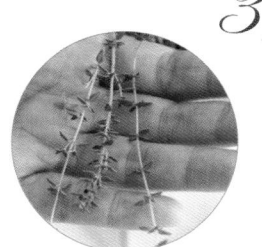

3 自己扦插乐趣多

虽然在原产地是多年生，但百里香在北方地区无法露地越冬，即使在室内，也容易因为光线过弱导致百里香长势变差，即使来年春天补充光照也难以恢复，与其花费力气补救，不如采取更替种植，在秋天的时候扦插几盆枝条，冬季的室温正利于它于生根，春季重新栽种，要不了两个月，又能长成一大丛。剪取顶端10厘米左右的当年生枝条，扦插简单，成活率高。

调色大师是矾根

这是一种叶色丰富到超出常识的植物，棕色、黄色、紫色、灰色、金属色、绿色、红色……

只有你想不到，没有矾根长不出。

作为近几年新蹿红的人气盆栽品种，矾根代表的是创意和惊喜，丰富斑斓的叶色也能够百分百地传达对多彩生活的祝福。

♥ 小而雅致的花朵是意外之喜

♥ 用花盆组植则有调色盘般的美感

♥ 耐阴、喜欢寒凉让它在花园的角落也能健康生长

秋叶静美

盆栽植物大多属于春花绚烂型，秋叶静美型的是少数派，而且大多以气质取胜。在这之中，矾根是当仁不让的明星品种。

春季虽然气候适宜，但矾根刚从冬眠中醒来，秋季则不同，虽然夏季酷热会让矾根的长势受到一些影响，但只要进入初秋，它立刻变得生龙活虎。在温差和光照的共同作用下，几乎每一天都能感觉到叶片的不同，从光彩夺目到沉稳大气，这使得秋赏矾根有种参禅般的滋味——特别是一些较为暗调的品种。

这种原生于北美中部的植物，因为瑰丽多变的叶片颜色而受到园艺从业者的关注，自20世纪七八十年代起逐渐兴起选育栽培之风，并从北美蔓延到欧洲，成为重要的商业观叶植物。现在通称的矾根，其实包括了虎耳草科矾根属30余个品种的后代们，血统的交叉，带来的是堪与春花争艳的丰富叶色，对此，最恰当的一句形容是："上帝打翻了调色盘，然后，用它给矾根涂上了颜色。"

花礼自己做

矾根的叶色相当丰富，所以在选择花礼包装方式的时候，要先参考植株的叶色，尽量与之呼应，比如，较暗调的品种可以用比较雅致的花器，而偏红、黄色系的，则可以搭配比较现代感的亮色花器。

1 挑选大小适中的矾根盆栽，确定好气质风格的方向。
2 选择有水墨感的青花吊盆，将矾根盆栽整体放入。
3 加上装饰吊绳，就成为可以挂在书房欣赏的情调盆栽。

送花礼
有谈资

来自林奈先生的福利

矾根属学名 Heuchera，来自一位德国医学专家（全名为 Johann Heinrich Von Heucher），其实这位医生和这种植物并没有直接联系，他们中间的纽带是卡尔·林奈——动植物双名法的创立人。林奈有一个"以权谋私"的小习惯，会用身边好朋友的名字来给植物当学名，这样的"福利"在 1738 年就落到了那位名叫 Heucher 的德国医学专家头上。所以，矾根名字由来的背后，藏着一段真挚的友情呢。

珊瑚铃和矾根都是它

矾根的英文名字珊瑚铃（Coral Bells）来自北美原生品种红花矾根，花朵呈现与珊瑚类似的红色，又如同小铃铛一般袖珍可爱，所以得名，这个名字在国内也有采用，但更主流的名字是矾根，这是从它的另一个英文通用名 Alum root（因根部不规则膨胀而来），所以它就成了矾根。另外有一种说法是北美原住民曾将它的根作为止血药物，药理作用与矾类化合物比较类似，所以得名。

丰富叶色从何而来

很多人都对矾根叶片的显色着迷不已，相比于植物界最常见的绿叶植物，矾根简直就是个花花公子，而各大园艺公司也都致力于培育出更具观赏性的叶色。为何矾根能够如此之美？原理在于叶片中所含各种天然色素：叶绿素、叶黄素、胡萝卜素和花青素，它们的比例与相互作用形成了矾根的调色板效果。

矾根可以单独盆栽，也可以几个不同的品种拼盘种植，株形饱满、叶片健康、显色效果好是衡量矾根品质的主要标准。

一 分 钟 学 会 打 理

◎ **阳光：** 喜欢充足光照，春秋季尽量将它养在户外。

☝ **水分：** 喜旱，长时间不浇水也能存活，如果植料透水性好，也耐涝。

✂ **修剪：** 不在计划内自播繁殖的落地生根，要及时拔除。

1 春秋天，晒太阳

　　在露地栽培中，矾根最常被种植在墙角，作为地被植物使用。它喜欢半阴环境，暴晒会让叶片枯焦，到了春秋两季则无需多加照管。不过，盆栽的矾根，因为平时室内光线较弱，在春秋季最好能多搬出来"放风"，凉爽的天气加上充足但不猛烈的阳光，能够刺激矾根叶片的色彩展现。

2 耐旱耐寒

　　原生于北美温带地区的植物，喜欢寒凉，即使在北京地区也能够安全地露地过冬，这真是一个好消息！不过，另一面就令人烦恼，在超过 30℃ 的夏天长势不佳。遮阴和通风是养护矾根要点，由于比较耐旱，盆土完全干燥后再补水。另外，虽然是观叶植物，但往叶面上喷水提升状态的做法不适用于矾根。

3 自己培育小矾根

　　矾根特别投收集狂们的胃口，不同的叶色一字排开太有满足感。不过，由于不同园艺公司引进的品种不同，通过花市或网购集齐叶色的难度比较高，因此矾根爱好者常常互相交换品种。矾根最常用的繁育方式是分株，有一定基础的爱好者可以通过叶插来繁殖，将小植株送出去换回新品种，这样的植物社交充满乐趣。

美丽坚强

草根明星凤眼莲

如葫芦状的叶柄，美丽的蓝色花朵，这些都让凤眼莲成为夏日水生盆栽的上佳之选。

♥ 膨大成球形的叶柄戳中萌点

♥ 大而耀眼的蓝花密集开放

♥ 只要有水和阳光就会生长迅速的顽强植物

虽然散佚到自然水域的凤眼莲，会造成灾难性的后果，但如果只在阳台上种小小的一盆，凤眼莲的优点实在是太多了，「此情不渝」的花语，其实也是对它美丽坚强的最佳写照。

Vitality

野蛮生长

在许多国家，凤眼莲都被作为入侵植物处理，每年都要耗费大量资金对它进行防治，这也给它抹上了一层阴影。

然而，凤眼莲是无辜的。

在原生地亚马逊流域，由于有着环境限制和诸多昆虫天敌。每年旱季就会自然消逝的凤眼莲，来年雨季又能通过埋在泥中的种子萌发，所以，其数量被控制在一个合理的水平。

然而，当它被当成观赏植物引种到世界各地后，便失去这种天然的生物制衡，大肆泛滥，堵塞河道，带来了一系列堪称灾难的后果。即使它有着可以充当饲料、改善水体质量、开花美等种种优点，也仍然难以挽救毁誉参半的名声。

凝视着凤眼莲美丽的身影，会不自觉地想，如果凤眼莲能够与人类交流，它会如何为自己辩白？

花礼自己做

水生植物凤眼莲绿意盎然，在夏天让人倍感清凉。作为花礼，可以选择比较亮眼的玻璃花器来种植——说是种植，其实就是把它从水面上捞起来放进去。

1 选择形态匀称，叶片健康的一株凤眼莲。
2 在红色玻璃花器中注满水，将凤眼莲的须根小心聚拢，放进瓶口。
3 调整一下位置，达成最佳观赏效果。

送花礼
有谈资

水中风信子

　　夏季是凤眼莲的花季，花序从莲座叶中央抽出，开出近似漏斗状的蓝紫色花朵，在一片浓绿衬的托中十分显眼。它的英文名字水中风信子（water hyacinth）也由此而来。而"凤眼"则是对它花朵特征更细致的描述，它的花瓣上通常会有一块深蓝与黄交织的色斑，形似凤眼。此外，因其叶子特色，它的别名为水葫芦。

千万别放生

　　凤眼莲在适宜的气候中，会爆发式生长，一两株就能在花盆里蔓延成

几十株，花盆里装不下的时候就要做减法了。但是请务必注意，千万别把它放到公园池塘或是城市河道里，以免造成生物入侵，可拨出来晒死扔掉。

自带漂浮器

　　比起浮萍、满江红等小型浮水植物来，凤眼莲真的算个大个子，它看起来身材丰硕，又不像荷花有硬挺的茎做支撑，然而它能轻轻松松浮在水面上。秘密在于它膨胀成球形的叶柄，如果剖开叶柄，就能看到里面全是充满空气的气室，可谓"自带救生圈"。

Care
照料篇

只要给予充足的阳光，凤眼莲根本就不需要怎么打理，要做的，就是在它过度繁殖后进行清理，毕竟，合理的才是美的。

一 分 钟 学 会 打 理

☼ **阳光：** 喜欢充足光照，春秋季尽量让它在户外呆着。

🌊 **水分：** 喜旱，长时间不浇水也能存活，如果植料透水性好，也耐涝。

✂ **修剪：** 不在计划内自播繁殖的落地生根，要及时拔除。

1 多来点阳光

虽然在自然水域中野生的凤眼莲都长得非常茂盛，但家庭种植却不乏养死的个案，关键就在于阳光。阳光越猛烈越好，当然，阳台上的光照也是能满足它的生存需求的。如果想在室内欣赏，合理的方式是从大盆里拔一两株出来做个小水景，放进室内欣赏几天，再把它放回去补充阳光。

2 多年生？没必要

凤眼莲可以多年生，条件有三：首先是保证10℃以上的温度，其次要有充足的阳光，第三是要加深水底塘泥的深度，方便它的根部深扎，以便过冬。对普通爱好者来说，满足这些颇为麻烦，不如来年春夏再去花市买一株从头养起。

3 有趣的走茎繁殖

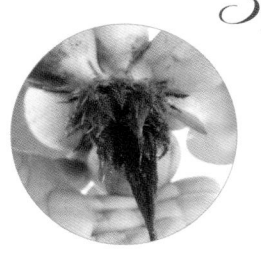

凤眼莲的根呈细须状，茎其实是它最重要的部位，根、叶、花序都着生于此。繁殖的方式也很先进，在茎的顶梢部位生出新的走茎，然后萌生叶子，一株小凤眼莲就这样"生"出来了。速度会快到让人吃惊，以北京的夏季露台养殖为例，一株凤眼莲差不多20天就能繁殖一群。

趣味盎然，落地生根

强大的繁殖力和超强适应能力，让它成为多肉花园里最了不起的存在。

♥ 紫绿相间的叶色颇具观赏性

♥ 密布的不定芽有着蕾丝边的效果

♥ 只要气候适宜就会自动四处散播

落地生根是一种得用『有趣』来形容的植物，它的名字很好地揭示了它的特点所在。

其实，不仅是生命力够强劲，它开出来的花也美得令人心动。

Adaption

随遇而安
好榜样

落地生根的顽强生命力经常给人这样的感触："就算地球毁灭了它也能在月球上存活吧。"

它的原生地环境并不恶劣，马达加斯加岛阳光充足，温暖湿润，落地生根在此和其他生命力旺盛的植物共同竞争，然而，一旦散播到世界其他地方，它的生命力就脱颖而出了。耐旱、耐热，耐贫瘠，叶片上密密麻麻的不定芽，落到地上就会迅速发出气生须根，扎入土地，一粒就能长成一株健旺的落地生根，而每片叶子至少能贡献上百个不定芽！

如此随遇而安的习性，也确实让人又爱又怕。爱是因为它的种植极易上手，无论观花还是观叶都非常有满足感。怕，是因为不能放任它生长，否则要不了多久，花园就会被落地生根"一统天下"。

但无论如何，养一盆小小的掌上落地生根盆栽，还是非常有乐趣的，作为手信捎给朋友，也是代表着生机勃勃的美好祝愿。

花礼自己做

长在花园里的落地生根可以很气派，而用迷你花盆栽培的落地生根也可以小巧玲珑，从不定芽培养起来的小型植株，作为掌上型花礼再适合不过。

1 选择两到三株大小适中的落地生根。
2 在吊盆里加入颗粒植料，将植株移植到合适的位置。
3 喷湿植料，固定好植物位置，它会在这里蓬勃生长。

送花礼
有谈资

为什么叫落地生根

　　这种景天科伽蓝菜属植物，最大的特征是叶片边缘会发出密集的不定芽，掉落地面会自动发根生长，长成一株新的落地生根，这种非常有趣的繁殖方式让它深受欢迎。只要有了一盆落地生根，只要你想，就可以拥有无数盆，这也是它英文名字叫"mother-of-millions"的原因。

惊艳之花

　　大多数家庭栽培落地生根都使用小型盆器，以赏叶为主，其实，落地生根开的花论美绝不输观花植物，丛生的细长花序，开出如狭长铃铛般的花朵，所以它又有个别名叫"洋吊钟"。花朵通常为橘色，衬着紫绿相间的叶片，一盆就是一幅斑斓画面。

Terrarium 好素材

　　Terrarium（密封容器种植）是案头园艺的一种形式，指在密封或半密封的玻璃容器里组合栽种多种小型植物，集精致与自然感于一体，故大受欢迎。而在 Terrarium 使用的植物素材中，多肉是非常重要的一类。落地生根米粒大小的不定芽在玻璃容器中也能够蓬勃生长，是非常好用的创意植物素材。

Care 照料篇

落地生根的株形以矮壮、叶色深绿斑斓为美，给人以生机无限的感觉。种植落地生根阳光和温差是最需注意的。

一分钟学会打理

☀ **阳光：** 喜欢充足光照，春秋季尽量让它在户外呆着。

🥄 **水分：** 喜旱，长时间不浇水也能存活，如果植料透水性好，也耐涝。

✂ **修剪：** 不在计划内自播繁殖的落地生根，要及时拔除。

1 不晒太阳就变娇弱女

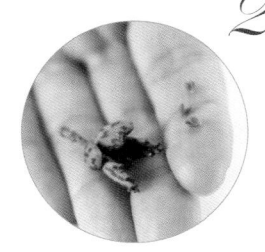

落地生根是一种非常皮实的植物，随风飘落到墙角都能够蓬勃生长，但在室内种植反而变得娇弱起来，因为缺少光照，它紫绿相间的叶片会褪色变浅绿，茎干细长无力，而且叶柄与茎干的连接处会非常脆弱，稍微碰触甚至是轻轻搬动，都可能导致叶片掉落。不过，只要搬出去通风晒太阳，只需一两周其状态就能够明显改善。

2 温差造就美色

在春秋天气晴朗温度适宜早晚温差又大的时候，落地生根会奉献最美的叶色。不仅叶片本身色彩对比强烈，不定芽边缘还会呈现诱人的粉色，真的如蕾丝花边一样美丽。也是因为晴好天气让植物接受到的紫外线剂量增强，改变了景天科植物的色素合成，而较低的温度也加快花青素形成的速度，两者相辅相成，成就自然的魔法。

3 过犹不及

落地生根强大的繁殖能力也会带来困扰，特别是把它和其他多肉植物养在一起的时候，它的不定芽会随风飘散，在别人的盆里迅速生长，抢占阳光和养分。所以，落地生根微妙地处在观赏植物和野草之间，对待不需要的植株，唯一的方法是毫不手软地拔除。

舒展长青鸟巢蕨

呈放射性打开的卷曲蕨叶，与其说像鸟巢不如说更像王冠。它可能是最适应都市生活的一种蕨类植物。

♥ 硬挺而略带卷边的蕨叶刚柔并济

♥ 水和适度的阳光就足以让它生机焕发

♥ 四季常青的特质很适宜案头赏玩

一从绿意盎然的鸟巢蕨，正符合中国人对君子之交的领悟，淡雅、平和、隽永。

90

Zen

种蕨，
静心

蕨，地球上最古老的植物，在 4 亿年前，由水中的绿藻为了适应地壳变动进化而来，它见证了恐龙的诞生和灭绝，也见证了人类的诞生。凝视案头的一盆绿蕨，能够感受到在时间的长河里，人类所拥有的一生是多么短暂的一瞬。

虽然在中国传统的园艺文化中，蕨的地位远不如梅兰竹菊，但它的清雅淡然、宁静自守，其实是与中国文化的内核相当契合的。

在蕨类里，鸟巢蕨属于比较有烟火气的一种，它呈放射性展开的簇生叶片，舒展丰满，既雅致又符合主流审美。夏季里带来清凉，冬季里呈现生机，鸟巢蕨不开花也不结果，只有一片安宁的绿意，悠悠展开。虽然不能成为花园里耀目的一株，却是案头最能够宁神静心的存在。

花礼自己做

鸟巢蕨的原生方式是附生于树端，所以，可以用水培包覆根部的方式来种植，既可以陈列于浅盆中，亦可以垂吊，作为礼物也很有形式感。

1 选择大小适中的鸟巢蕨植株。
2 以浸泡的水苔包覆根部，具体步骤可以参考网上的苔玉种植教程。
3 捆扎成形后，装进小型编织袋方便携带。

送花礼
有谈资

人气食材

很少有人想到鸟巢蕨也可以吃吧！事实上，蕨属还是有不少食材的，只不过鸟巢蕨的美貌让人很难把它和食物联系在一起。在中国台湾地区，一直有食用鸟巢蕨嫩叶的传统，鸟巢蕨是非常受欢迎的健康食材，富含钙、铁和膳食纤维，清炒后叶片滑嫩。它在台湾的名字是山苏——其实是山蔬（山里蔬菜）转音而来。

常见观赏蕨

蕨是地球上最古老的植物家族，历经漫长岁月，也有不少蕨类被成功地园艺驯化，成为案头盆栽的常用素材。最常见的是波士顿蕨，也叫肾蕨，羽状复叶呈现齐整的几何美感。铁线蕨，茎细长灰黑，恰似铁线。鹿角蕨，叶片酷似麋鹿的角，相当有辨识度。它们虽然形态各异，但同样喜欢光照适度、湿度高、温暖的环境。

清洁型植物

说到室内空气净化，绿萝、吊兰等一直榜上有名，虽然功效显著，却因为太过常见而让人有点审美疲劳。来盆鸟巢蕨吧，作为新意十足的观赏植物，它也有相当强的净化功效，能大量吸附二氧化碳，也能够吸收分解甲醛、甲苯这几类会严重危害健康的有害气体，在雾霾产生的冬季，最为实用。

Care
照料篇

判断鸟巢蕨健康与否，其实一眼就够：株形丰满，叶片完整，叶色嫩绿，一株美的鸟巢蕨肯定是长势良好的。

一 分 钟 学 会 打 理

◎ **阳光：** 耐阴，无需刻意补光。
🖐 **水分：** 喜潮，要保持一定的空气湿度。
✂ **修剪：** 根部附近的残、黄叶应及时剪除，其他无需修剪。

1 保湿补水

作为附生植物的鸟巢蕨，被大树绿叶掩映，对阳光的需求并不强，只需散射光便能够生长。不过，对水分的要求很高，除了保持植料湿润外，在干燥的秋冬季节，还需要经常向叶片喷雾补水，这样鸟巢蕨才会翠绿发亮。

2 苔玉盆栽

苔玉是自江户时代传承而来的一类日式盆景，用水苔覆于极具线条美感的小型植物根部，以细麻绳捆扎成圆形，绿意幽然，别具东方审美。蕨类、喜湿小型观叶植物都很适合做成苔玉，特别是鸟巢蕨，在原产地，其根部只有浅浅一层覆盖物，即使以盆栽方式种植，也不能使用纯土，而是用混合木屑、水苔这些透气性较好的材料。

3 挑战一下繁殖吧

虽然在雨林中鸟巢蕨随处可见，但家庭栽种想要繁殖它还真需要技巧。比较简单的是分株，将壮苗自根部割裂后分别上盆定植，但成功率并不是特别高。至于很多资深爱好者则喜欢将用"孢子繁殖"作为一项挑战。观察到叶背面有成熟孢子囊时，在附近铺湿水苔，让孢子自然落下萌芽。嗯，这是一项需要运气也需要技巧的挑战，祝好运。

好运敲门

趣萌有爱三叶草

如果说有什么植物姿色普通却能够获得万千宠爱，那一定能数到三叶草。

- 有趣的三瓣式叶片茂密从生
- 白色花朵虽然简洁却很耐看
- 最重要的是有不小的概率突变为四叶

种三叶草的最大乐趣，是期待某天醒来，发现一片代表幸运降临的四叶草。如果怀着这样的心愿，那么，最应该种的就是白花三叶草。

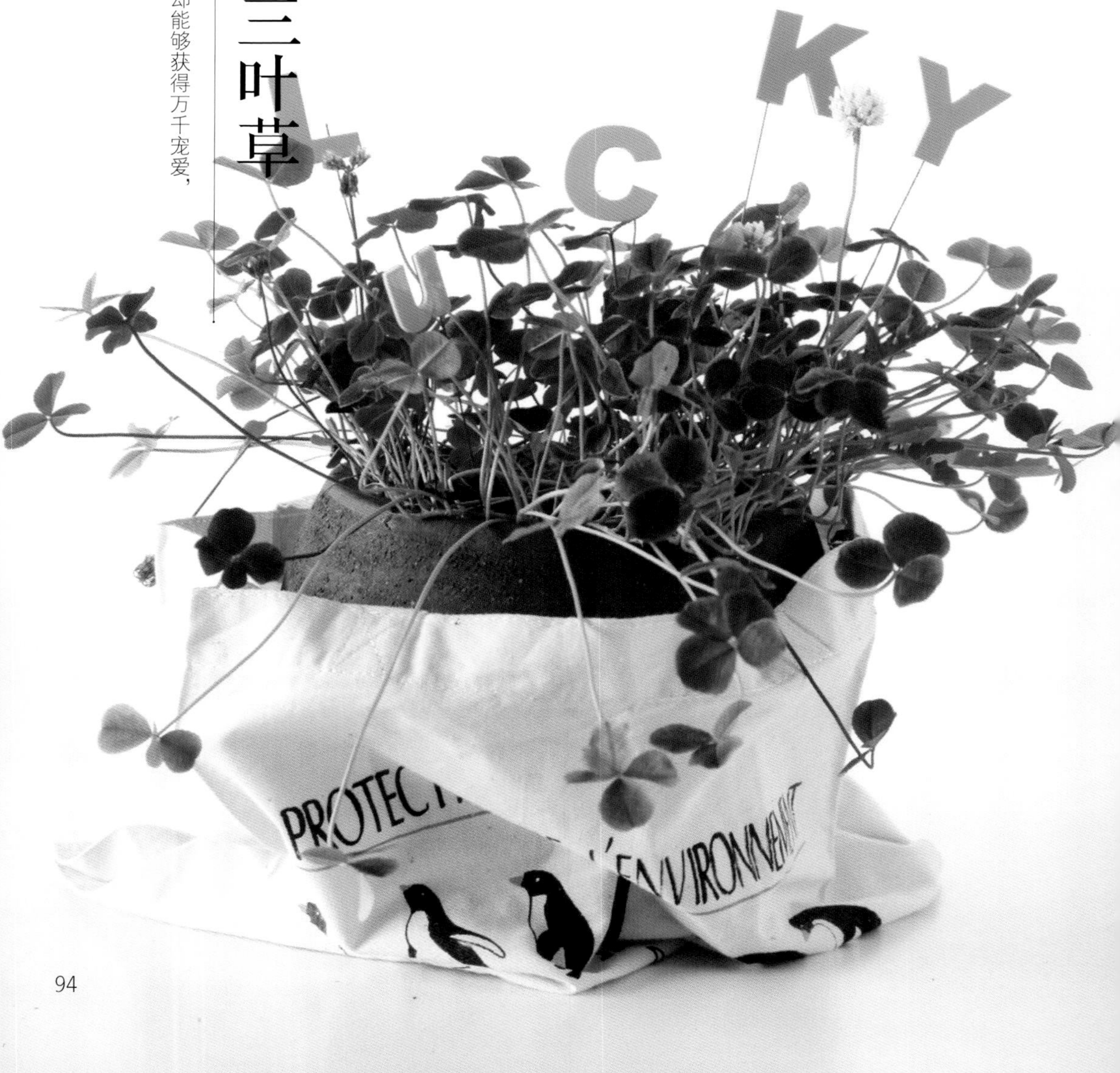

Blessing

幸运草
Good Luck

种一盆三叶草放在窗台，清晨的时候在阳光里翻找它的叶子，期望在某一天，找到属于自己的幸运。

就算找不到，这种满怀希望的感觉也很不错。

不同的三叶草种起来乐趣其实略有区别。比如酢浆草，它除了叶形可爱外，更多的乐趣来自它的花，特别是诸多的美花酢品种，养起来乐趣无穷。要真想获得四叶草呢，还是应该种白花三叶草，它的突变概率最高，无论是哪个网购渠道，90%的四叶草植株都是这个品种。而且，比起脆嫩多汁个头又小的酢浆草来，白花三叶草较为高大，叶柄更长，叶片也更为强韧，利于干燥保存。

当然，也有诸如田字草这样生来就是四瓣叶的植物，虽然看上去没有多大区别，但是哪有每时每刻都被幸运笼罩的好事呢？

就是要等待很久，然后听到幸福敲门，那才是真正的惊喜啊。

花礼自己做

盆栽的三叶草非常茂盛，生机勃勃，即使暂时还没有长出四叶草，也是幸运的象征。加上一些有趣的小装饰，就更容易讨人喜欢。

1 选择一盆长势健旺的三叶草盆栽。
2 用花艺铁丝配合装饰字母，做一些代表幸运的装饰。
3 装进简朴的棉布拎袋就可以。

送花礼
有谈资

三叶草的三大派别

三叶草其实是个不太严谨的称呼，最常见的三类植物：酢浆草、苜蓿和车轴草都可以叫三叶草，而且都有突变成四叶的可能性，都可以代表好运。如果不是每种都熟悉，分辨起来是有点费劲，其中，酢浆草自成一科，即酢浆草科酢浆草属。后两者是亲戚关系，同属豆科，也都用作牧草，所以有时候会混淆。

根据花色选三叶草

相对来说，酢浆草特征比较明显，它的三瓣叶各呈一个心形。而另两种虽然叶形相似，但一开花就好判断了。其中，苜蓿主要开紫花和黄花，叶片是全绿的，开紫花的苜蓿又叫北苜蓿，主要生长在北方。开黄花的称为南苜蓿，也叫金花苜蓿，春天江南人吃的草头，就是它的嫩芽。而车轴草主要开白花和红花，所以也被称为白花（红花）三叶草、白花（红花）苜蓿。在城市里见到它们，它们多在街边的绿化带，用作地被植物，叶片较大，叶片上有清楚的白色纹路。

四叶草分别代表什么

在很多国家，四叶草都代表幸运，但渊源不同，其中，流传最为广泛的一种说法是夏娃离开伊甸园的时候携带而来，它的四片叶分别代表一种美好祝愿。第一片叶子是忠诚（faith）；第二片叶子是希望（hope）；第三片是爱（love）；第四片是幸运（luck）。虽然在自然界四叶草很难得，但是已经有一些四叶出现概率高的园艺品种出现，比如作为示范的这盆白花三叶草（Dark dancer），大约有10%是四叶。

Care
照料篇

只要提供了充足的阳光，白花三叶草会给予你足够惊喜的回报。

一 分 钟 学 会 打 理

☀ **阳光：** 充足的光线能够让三叶草长势茁壮。在室内它会长得略为细长。

💧 **水分：** 遵循干湿分明的原则即可。

✂ **修剪：** 根部的叶子容易发黄枯萎，需要定期打理。

1 牧草习性，放养最佳

白花三叶草的原生品种是作为牧草种植的，所以，可以对它实行放养，盆土无需多么肥沃，提供充足的阳光即可，水的要求并不高，甚至当叶片打蔫下垂也无需惊慌，只需浇透水，它又会迅速恢复挺拔。

2 园艺品种分株繁殖

大面积种植三叶草当然靠播种，不过，园艺品种就不能采取这种简单粗暴的方式，而是多用分株作为繁殖方式，这样最能够保持品种特征。在春天换盆的时候，将块状茎根连同上面的茎叶一分为二或者更多，分别上盆定植就可以。

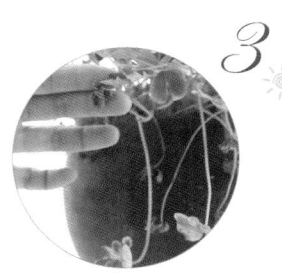

3 如何保证观赏效果

园艺品种的三叶草，通常叶色会呈现丰富的色彩变化，一片小叶可能集绿色、灰白、红于一身，观赏性十足。但照料不周可能会导致叶片枯焦、褪色，最常见的原因是浇水不规律，旱涝变化过于突然，造成靠近根部的叶片枯黄。此外，家庭种植还有一个高发问题，就是因为阳光不足而造成徒长，茎细且长，无力下垂，解决的方法是加强光照。

悦目醒神天竺葵

是装点了整个欧洲的窗台花卉，也是全球公认的精油植物，成功跨界的天竺葵，优点实在是数不完。

♥ 无论是株形、叶色、花型及花色，都有超级丰富的选择

♥ 习性强健四季皆花

♥ 浓郁的味道自带驱虫功效

一簇开得热烈奔放的天竺葵，足以点亮心情。从窗台到花园，天竺葵的身影无处不在。

亲民盆栽

没有天竺葵的花园是不完美的。

地栽的天竺葵，蔓延铺张，开得花团锦簇，即使不在花期，圆形马蹄叶也能呈现上佳观赏效果，是小型花境的最佳素材之一。而在休息区以红陶盆种植的天竺葵，则是欧式花园里不可或缺的点缀。

阳台上则由各类天竺葵平分秋色，枝长花密的藤蔓品种，虽然花簇较直立天竺葵为小，但胜在满株皆花，与绿叶相映成趣。具有斑斓效果的观叶品种，风格更为典雅。而最普遍的单色直立品种，则是在何种环境下都无比和谐的百搭盆栽。

无论怎么种都好，天竺葵就是这样的亲民。

不过如果想走高冷路线，天竺葵也没问题，园艺专家不断培植出令人尖叫的新型品种，爱好者对照图谱，通过各种渠道花高价收集，也乐在其中。

花礼自己做

直立天竺葵的肉质茎、马蹄形叶和花朵都很有特色，花礼包装可以选择其一稍做呼应，就有令人惊喜的效果。

1 选择株形直立，茎干较为疏朗的天竺葵。

2 选择与花朵颜色类似的手帕，将四角两两相系。

3 调整一下打结部位，一份家常又精致的花礼就完成了。

Affinity

送花礼
有谈资

天竺葵从南非来

很多植物的译名都会把人带入歧途，比如天竺葵，它的原产地并非天竺——今天的印度，而是南非。我国是从 20 世纪 30 年代从美国引种天竺葵，从头到尾都不关天竺的事儿。这种植物是在大航海时期被传播到世界各地的，大约 17 世纪初，路过好望角的一艘船将这种开花植物带到了荷兰莱顿植物园——欧洲最古老的植物园之一。之后，英国的植物猎人们又从南非陆续带回多个天竺葵品种，进行杂交培育，获得了丰富的天竺葵园艺品种。

穷人的玫瑰

在芳香治疗行业中，天竺葵精油大名鼎鼎，由于用途广泛，萃取成本又相对较低，又被称为"穷人的玫瑰"——玫瑰精油价格昂贵堪比黄金。天竺葵精油的主要功效是杀菌、镇定、止痛、平衡激素,清新的味道提振精神。大约 19 世纪初，法国南部开始大量种植玫瑰天竺葵以获得精油，目前主要用于萃取精油的代表品种是波旁天竺葵。

驱蚊草也是天竺葵

除了垂吊和直立两类赏花用天竺葵外，还有一种植物，你肯定见过，却未必想得到它也是天竺葵，这就是驱蚊草。叶片呈深裂掌形，与常见的马蹄形天竺葵叶相差甚远，它最重要的特征是有浓郁的柠檬香，稍微用手搓一下味道便很明显，但驱蚊作用目前并没有得到确凿验证，驱蚊草还是作为一种香味盆栽 & 心理安慰植物。

Care
照料篇

天竺葵虽然花朵艳丽，但很少用于切花，反而是盆栽最为普及，在照料上也属于入门级的品种，即使是很名贵的品种也不难打理。

一 分 钟 学 会 打 理

◎ **阳光：** 充足的阳光，夏天需要遮阴。

🪣 **水分：** 略喜旱，度夏时浇水量可略增加。

✂ **修剪：** 花簇及时修剪，否则会徒耗营养结籽。

1 自带防虫光环

　　无论是哪一类天竺葵，都味道浓郁，只是有的是愉悦的柠檬香或玫瑰香，有的是略刺激的草药香，因此它很少遭遇虫害，否则，肉乎乎又毛茸茸的天竺葵很难逃过虫子们的侵害。除了保护自己，密植天竺葵的地方，其周边植物也会受到一定保护。

2 凉爽晴天最适宜

　　和来自南非的多肉植物们一样，天竺葵也喜欢凉爽而晴朗的天气，充足的日照让它生长旺盛，四季皆能开花，所以它到了欧洲南部简直"乐不思蜀"。酷暑季节它会出现休眠，但和多肉不同，天竺葵这时候不能控水。零度以下的冬季，天竺葵无法户外越冬。室内过冬，一部分品种，特别是大花直立型天竺葵会因光照不足长势不良。

3 扦插繁殖上手易

　　天竺葵之所以能非常普及，很重要的原因是它容易繁殖。扦插极易生根，无论是水插还是土插，几乎零难度。秋季花期过后是适宜繁殖，这时通常要进行一次修剪，剪下来的多余枝条，选带有 2~3 个生长节的顶端枝条进行扦插，成功率非常高。

风姿绰约洋桔梗

有着不输玫瑰的美，又比玫瑰多一分楚楚动人，洋桔梗的形象更具亲和力。

淡雅的花色是超级少女心的写照

开花繁密且花期超长

挺直的株形让它的美兼具刚柔两面

面对如丝一般柔滑的洋桔梗，是不是心情也会柔软起来？这种代表着美丽、康宁与感动的花朵，所有女生都不会拒绝。

Elegance

文艺片
女主角

洋桔梗又名草原龙胆，是一种自带美颜效果的花。它繁复的重瓣效果，雅致的花色，微微外翻的花形，还有如同丝绸般质感的花瓣，像玫瑰一般美，又不像玫瑰那样先声夺人，与东方审美更为契合。

事实上，它那被翻译为"洋桔梗"的属名 Eustoma 已经揭示了这个秘密。Eu 这个字根在拉丁文中的意思是美丽的，而 stoma 是描述它的筒状花形。其实，另一个很少用的中文名"丽钵花"译意更为准确。洋桔梗已经是知名度超高的鲜花了，哪个女生没收到过由它组成的花束呢，无论是自成一束，或者是百合玫瑰相搭，都不会掩没它的风采。

比起鲜切花，盆栽桔梗的美更萌一些，矮化品种的开花高度在 30 厘米左右，小巧玲珑的一盆，自中心源源不断开花。无论是经典的白、淡黄、淡绿及淡粉这种纯色，还是比较有现代感的镶边双色花，都像文艺片女主角一样，淡雅动人，越看越美。

花礼自己做

即使是重瓣洋桔梗，也因为花色淡雅而给人一种秀丽文静的印象，花礼的包装一定要能很好地衬托它的这种气质美。

1 选择有多个花苞的洋桔梗盆栽；
2 装进用较有正式感的木盆，原木色的二手包装盒会是很有趣的材料；
3 如果花盆高出木盒，可以适当地用包装纸进行修饰。

送花礼
有谈资

洋桔梗 VS 桔梗

洋桔梗这个名字，很容易与桔梗混淆，很容易甚至以为两者是同一种植物，只是有单瓣与重瓣的区别。其实完全不是，两者连远亲都算不上，洋桔梗属于龙胆科洋桔梗属，原产于北美，而桔梗则是桔梗科桔梗属的多年生植物，原产于东亚，朝鲜民歌《道拉基》的主角。只不过因为引进的时候，两者花苞相似，便以"洋桔梗"之名相冠，就连桔梗代表的"不变的爱"的花语，也经常被误按在洋桔梗头上。

白色情人节之花

作为可以排进全球前十的切花品种，洋桔梗的商业前景大好，它花期长、花头多、耐储运，这些特性让它非常适合作鲜切花应用。花色易变异，便于培育出丰富的园艺品种，所以园艺从业者也尽力赋予这种新贵花草更多的文化内涵，比如，借它的柔美，将它推上白色情人节之花的位置，在这个女生向男生表白的节日里，让它拥有与玫瑰同等重要的意义。

洋桔梗从何而来

比起玫瑰来，洋桔梗算是花中"新人"。它的人工栽培历史有 100 多年。

它原产于美国中南部，因为株形与花朵都很适合室内盆栽，被人工培育后传播到世界各地。原本就大受欢迎的它，在1982 年由日本人育成重瓣品种发布后，又迎来了一个快速发展期。

104

Care 照料篇

用于盆栽的洋桔梗，大多属于矮化品种，轻盈的姿态，典雅的花朵，只需要稍微了解一些照料常识，就能让它一直盛放在窗前。

一 分 钟 学 会 打 理

◐ **阳光：** 习惯散射光，暴晒或阴暗都会导致开花不佳。

🖌 **水分：** 喜湿，怕霉烂，通风相当重要。

✂ **修剪：** 残花应及时修剪，方便新的花苞生长绽放。

1 有点小娇气

原生北美的花朵，最适宜的生长温度为 20℃左右，如果低于 5℃就无法开花，而超过 30℃的高温里，它的花期会明显缩短。另外，它喜欢阳光又怕暴晒，光照不足花瓣会褪色，被暴晒花期又会缩短。听起来很难打理？好在它是一种典型的室内盆栽，以都市人的生活环境来说，由于有了空调，室内的四季温度都很适合洋桔梗的生长。

2 选盆栽看花苞

洋桔梗的苗期较大部分草花都长，所以，除非爱好者，很少有人从种子养起。去花市挑选成品盆栽，以植株矮壮，花苞繁多为佳，最适宜的是第一朵花刚刚半开的，既能够明显看到花色花形，又能拥有最长的赏花期。

3 喜潮怕霉烂，盆土要求高

洋桔梗花叶繁茂，蒸发量大，对水分的需求也大，盆土表面略有干燥时就要补水，但它同时又易发真菌性病害，特别是在天气比较温热的时候。所以，如果移栽洋桔梗，务必要对使用的盆土进行消毒，一个简易的做法是将土放在阳光下暴晒 2~3 天进行紫外线消毒。

攻略

随时，随地
盛放的花
都能传达微妙的心意

"三有"原则，选百搭花礼

☀ 有新意

凡事都有正反两面，百搭的另一面可能是"啊，又是它"。许多家居常见好养又有益处的植物，在惊喜度上得分就不会高，确实有审美疲劳这回事。其实，植物家族的庞大远超出你的想象，而且园艺业也在不断发展，新品层出不穷，与其费心打理"老三样"，不如把视线放得再远一些。

☀ 有门道

盆栽界的"小鲜肉"要去哪里找？掌握门道就很简单。线下的渠道包括大型花卉市场与主打个性的绿植工作室，前者的好处是什么品种都有，但需要自己花时间逛；后者的好处是"尖货"多多，但品种不全而且价格略高。线上则可以在各大电商平台上选购，搜索新品更方便，但需要你有一定的植物养护基础。

☀ 有讲究

作为联络感情的纽带，植物礼品的效果好过大多数商品，一盆从未见过的美丽品种，叫什么名字、有什么来由、如何打理，在送出去之前就得先自己——了解，是乐趣也是充电。而这些知识其实也是礼物的一部分，礼物送出时以此交待，显得更为贴心。

新意盆栽，一表看清

寓意	可选盆栽	特色
胜利、坚持	耧斗菜	明快的花色配上如猫爪般的花形，新兴的人气盆栽，双色和重瓣品种更有魅力。
思念	铁筷子	罕有的在冬季开花的盆栽，又名圣诞玫瑰，株形小巧而花朵硕大，在欧美是相当受欢迎的桌面盆栽。
高洁、美丽	铁线莲	广泛用于庭园及盆栽的藤蔓开花植物，细茎似铁丝而得名，花朵大而繁密，有藤本皇后的美称。
呵护	观叶秋海棠	以叶色的多变和毛茸茸的质感为特色，自带神秘感，是室内彩叶植物的上佳选择。
纯真的爱	露薇花	马齿苋科植物，生命力强健，低矮的植株上开出极丰盛的簇状花朵，色彩艳丽，是近年的人气品种。
爱慕、美德	飘香藤	喇叭状的红色花朵，盛开在碧绿的爬藤上，盆栽可以有很多创意的造型。
飘逸	狐尾武竹	与中国传统盆栽植物文竹同科同属，但是狐尾武竹的蓬松尾状株形，更符合都市人的审美。
吉祥、幸运	南天竹	雅致的小型木本植物，叶子在秋冬会变成红色，日本在新年的时候，常用它作为祈求好运的植物。
向往	堇兰	与非洲堇、大岩桐同属苦科，习性相近，但更具野趣的自然美，长筒状花朵楚楚可怜。
持续	虎耳草	四季常绿的观叶植物，会不断衍生出新的小植株，形成有趣的垂吊效果，养护难度也低。

寓意	可选盆栽	特色
智慧	捕蝇草	食虫植物里的代表品种，叶片顶端长有捕虫夹，能迅速捕获飞进去的蚊虫，妙趣横生。
纯洁、高贵	彩色马蹄莲	园艺培植出的彩色马蹄莲品种，既有高贵挺拔的气质，柔美的花色又很受女生欢迎。
爱情	桃花	矮化型的盆栽桃花，观赏效果更胜地栽果树，花色粉红，株形遒劲，是祈求蜜运的不二选择。
娇柔、雅致	心叶铁线蕨	与普通铁线蕨的差别，在于它的叶子天然呈现心形，线茎绿叶，清雅可爱。
青春、美丽	球兰	通常也被归入多肉类，青翠肥厚的叶片在爬藤上丛生，开花时节，粉红的球状花序让它更添一份娇美。
快乐、忘忧	文心兰	兰花里最为轻巧秀气的品种，又称跳舞兰，黄色花朵如轻盈的舞娘，超长花期。

Part 3

锦上添花——礼

过日子讲究热闹，而热闹是需要由头的。

入学、毕业、升职、迁居、加薪、结婚、生子、创业……生活中总有些值得纪念与庆祝的时刻。即使无谓大宴宾朋，一份承载美好心意的礼物，总是能够锦上添花。

有什么比一盆正在盛放的植物，更能贴切地体现"锦上添花"呢？

它所费不多，简便易得，青枝绿叶繁花，配着口彩上佳的名字或寓意，真是再得体不过。

从古到今，中国人的生活实在不缺乏这些喜庆植物的点缀，百合好合、石榴多子、牡丹富贵、银柳旺财，人们甚至直接赋予植物发财树、转运竹、鸿运当头这些再直白不过的名字。虽然有点不含蓄，但在喜庆时刻，要的不就是肆意欢乐吗？

健旺长寿垂叶榕

无论个头高矮，垂叶榕总是笔直、浓绿，保持着树的风姿。

♥ 常绿叶片配上斑色极为迷人

♥ 寿命长久寓意吉祥

一株大榕树在中国南方的传统乡村，就是家族兴旺的象征。作为盆栽榕属植物的明星代表，垂叶榕把这种美好的祝愿带到了案头手边。

Classical

典雅
国际范

与音乐、舞蹈、美术一样，植物的美也是可以穿透语言文化障碍的。

垂叶榕便是个中代表。这种原产于亚洲热带低海拔山地的桑科榕属植物，早已是国际盆栽市场上极受欢迎的观赏树种。人们对它的喜爱各有缘由，如：

它树形挺拔，主次分明，是很令人产生积极能量感的绿色植物；

它叶片浓密，叶端微微下垂，这种谦虚的姿态让它如同一位大家闺秀，既自有气度又和善可亲。

它叶色明亮，既有光泽很强的全绿品种；更有多种银、黄搭配的斑叶品种。

而中国人对它的欣赏，除了这些外形元素外，还来自精神需求。

榕树在中国的文化中，因其根深叶茂，向来被认为是家族兴旺的吉祥植物，而且榕树多长寿，所以是传统盆景制作中非常重要的植物素材。而垂叶榕更是榕中翘楚，叶美枝秀。生长缓慢的特质，让它更适宜盆栽。

花礼自己做

垂叶榕无论大小株型都有很多选择，作为案头盆栽，迷你的斑叶品种更具趣味性。由于枝干还没有充分生长，所以花礼包装应主要突出它的叶之美。

1 选择一盆叶片繁茂的斑叶垂叶榕；
2 用油画创作中常用的简易小桶来盛装；
3 略加整理，一桶易携、讨喜的花礼盆栽就成型了。

送花礼
有谈资

把树吊起来种？也可以

论形态，垂叶榕也大部分时候很"守规矩"，但总有让人惊喜的创意，因为垂叶榕枝茎较为柔软，而且叶片下垂，所以园艺家们培养出了用于垂吊种植的垂叶榕，可以把它放在高处，绿色叶片在空中形成一道美丽的风景。如果选择较为耀眼的斑叶品种，更有观赏性。

大家族的一员

在盆栽观赏树界，榕属可排第一，估计没人敢跟它抢这个位置，诸多大名鼎鼎的观赏树都来自本属。比如网红品种垂叶榕，拥有榕属家族少见的大叶片；橡皮树，最常见的老三样观赏树，同样是这个家族的成员；无花果，是既供观赏也可以食用的盆栽果树；菩提树，这种佛教中最著名的植物也是榕属，作为盆栽植物，人们对它仍怀有恭敬之心。

长寿之星

植物的寿命长短不一，很多草花都是一年生，但也有榕树这种长寿植物。在自然界，上千年的榕树老寿星时有发现，所以，榕树除了"善意、可亲"的花语外，还约定俗成地被认为是祝愿长寿的植物。盆栽种植的垂叶榕，虽然长势受限，但同样被寄予了这样美好的愿望，在园艺展中常可见到几十年甚至超过百年树龄的垂叶榕盆栽。

Care 照料篇

木本植物盆栽的照料相对比较简单，因为它本身生命力强健，而且需要的照料地方相对单一，对很多人来说这样比较容易上手。

─ 一 分 钟 学 会 打 理 ─

☀ **阳光：** 喜欢阳光，光照充足时植株会比较矮壮健康。

💧 **水分：** 喜旱，尽量等土壤干透后再浇水。

✂ **修剪：** 早春或晚秋落果后进行修剪，枝条柔软，适当的造型也很方便。

1 暖、湿、有阳光

原生于热带、亚热带地区的垂叶榕，在"口味"上还是保留着原生的喜好，喜欢温暖、湿润和充足的阳光。冬季，在北方室内种植的垂叶榕，最容易碰到的麻烦就是光照不足，这样会导致长势变弱，叶色渐淡，特别是斑叶品种，这种情况会更明显。尽量放到窗边光线最好的地方吧。浇水则宜湿不宜干，只要不积水就可以。

2 清洁空气有讲究

垂叶榕能净化空气，这是得到了科学证明的，它们能吸收甲醛、苯和氨等诸多室内常见有害气体，并且叶片能吸附灰尘，所以，室内放一盆榕很有必要。不过，作为主人也不能太懒，清洁卫生全指望一棵树。要定期擦拭榕叶，让叶片保持洁净，这样吸附效果会更好。

3 自己扦插好简单

繁育一棵小树，这想法是不是挺诱人？榕树的繁育力是有名的，垂叶榕也可以通过多种方式繁育，最高效易行的方法就是扦插。在春夏交季的时候，剪取大约10厘米长的顶端嫩枝，只留几片叶子，然后插入植料，一个月左右就能生根。重要提醒：切口分泌的白色浆液要擦掉，晾干，否则会影响生根，或导致插条腐烂。

美意盎然石榴树

多子多福的石榴果，旺盛红火的石榴花，石榴树堪称集万般美意于一身。

♥ 浓密绿叶可以修剪出圭满的树形以供观赏

♥ 红色的石榴花热烈喜庆

♥ 石榴果寓意吉祥，又非常有观赏价值

无论是遵循传统风格的石榴盆景，或是更符合现代审美的石榴盆栽，它打动人的，不仅仅外形，更在于它代表的美好祝愿。

Lush

五月榴花
照眼明

从东方到西方，很难有石榴这样受到一致喜爱的植物。

它是中东地区的国民水果，是西班牙的国花，是中国最受推崇的吉庆植物之一。石榴在中国的诗词歌赋中屡屡出现，《圣经》中也写道：那地有小麦、大麦、葡萄树、无花果树、石榴树、橄榄树和蜜。

开在农历五月的石榴花，绿树掩映中火红耀眼，是最能代表初夏的画面。花后结果，仍然是红润讨喜，成熟的石榴会在枝头裂开，露出晶莹红艳的石榴籽，"榴开百子"是对家族兴旺的最好祈愿。无独有偶，在古罗马时代，新娘也会头戴石榴花冠，还用石榴汁来治疗不育。事实上，石榴的英文名字"Pomegranate"，意即"多子的苹果"。石榴的拉丁文名是"Granatus"，多子的意思。

老北京的庭院讲究要种一株石榴，"天棚、鱼缸、石榴树"，悠闲适意的生活情调呼之欲出。虽然限于现代都市的生活环境，难以原样复制旧日风情，但，窗台上一株大小适宜的石榴盆栽，也有异曲同工之妙。

花礼自己做

盆栽石榴都属于较为矮小的品种，以茎干粗壮，树冠丰满为选择标准，火红榴花和榴果已经十分亮眼，只需稍作装饰即可。

1 选择株形匀称丰满的石榴盆栽；
2 直接将盆栽装入礼篮，用树皮装饰土面更为美观。
3 加上带有吉庆意味的小装饰物。

送花礼
有谈资

观赏石榴的果实能吃吗

答案是：能……虽然吃起来很不过瘾。石榴根据用途可以分为食用与观赏两大类，后者是园艺培植的变种，高度在半米左右，花和果实都较为小巧，一部分在夏季持续盛放的观赏石榴，则只开花不结果。目前，栽培最为普遍的品种是月季石榴，又分为单瓣和重瓣两种，均结果，果实虽小但仍可食用，味道酸甜。

何年安石国，万里贡榴花

虽然在中国的传统文化中占有重要地位，但石榴并非"土著"，它原产于伊朗一带，西汉时期张骞出使西域，引入大量物种，其中就有石榴。"汉张骞出使西域，得涂林安石国榴种以归，故名安石榴。"安石国，学者们倾向于是指安息古国，由于石榴树适应性强，逐渐被广为栽培，成为秋季最具代表性的时令水果。

古风石榴盆景

在传统盆景艺术中，石榴以其高矮适中、枝叶繁茂、枝软易造型、花果均美、寓意吉庆等特点，成为格外受欢迎的树种。通常采用露根浅植的方式，并辅以各种造型。成为春季赏叶、夏季赏花、秋季赏果、冬季赏干，四季各有特色的石榴盆景。

FLOWERS
— & —
GARDEN

Care 照料篇 既要赏花，又要赏果，石榴树的打理，比普通花草多了一些环节，也需要多费一下心呢。

一 分 钟 学 会 打 理

◎ **阳光：** 喜欢阳光，光照充足的植株比较矮壮健康。

🖌 **水分：** 喜旱，尽量等土壤干透后再浇水。

✂ **修剪：** 早春或晚秋落果后进行修剪，枝条柔软，适当造型也很方便。

1 肥料敏感体质

就像有人会对某些食物过敏一样，石榴对肥料非常敏感。盆栽石榴需要肥料支持开花结果，但必须是"少食多餐"，肥料不够，不足以支持果实发育；肥料过多，会导致枝叶过度生长，反而影响花果。所以，需要薄肥勤施，而且以施磷肥为主。

2 宜干不宜湿

盆栽石榴比较耐旱，过度浇水会导致落蕾，特别在光照和通风都不甚理想的环境下。如果难以辨别土壤的干湿，可以等到石榴枝叶稍微打卷时，再充分浇水。地栽石榴冬季落叶休眠。但盆栽可以灵活处理，如果有较适宜的光照环境，冬季也可以让它开花挂果，或者把它放在不结冰的房间，让它休眠过冬。

3 盆栽石榴搞造型

在花市上买到的成品盆栽石榴，已经在生长期被打顶摘心，这样能够让控制植株高度，让株形更为丰满。买回后自己照料它，这项工作仍要持续进行，每年早春在石榴新叶萌发前，都可以进行适当的修剪，剪去过密的枝条，修饰形状，把它养成你最想要的样子。

开业志喜

红火喜庆鸡冠花

因为讨喜的颜色和皮实的习性，鸡冠花长久以来都高居国民花草之位。

♥ 浓艳的红紫色系符合中国人的审美

♥ 挺直的花序精气神十足

♥ 成熟的商业种植保证了它能充足的供应

不过，也许你从没想过，街头花坛最常见的鸡冠花，略加包装修饰，就能成为相当喜庆的一款花礼，特别适合开业、节日这种需要喜庆氛围的时刻用。

热情
小火把

对鸡冠花的印象还停留在"不登大雅之堂的小草花"这个概念上？

在中国古代很重要的一本园艺著作，成书于明代，清代再度修订的《广群芳谱》中，鸡冠花赫然在目："有扫帚鸡冠，有扇面鸡冠，有缨络鸡冠，有深紫、浅红、纯白、浅黄四色。"《徐园秋花谱》中对它也有诗意的描述："蒙蒙茸茸、累累若若，凡世间所有色无不有拟而似之，可自为一谱，与谱牡丹、梅、菊者竞。"

而在今日，鸡冠花历经多年的栽培育种，更是因品种丰富和用途多样，成为重要的国际花卉之一，从日本流行的和式野趣盆栽，到欧美常见的装饰花环，鸡冠花的热情四处绽放。

虽然种植历史悠久，但鸡冠花并非我国"原住民"，这种苋科青葙属植物原生于南亚及印度一带，伴随佛教文化的传播而传入中国，由于它耐热、耐贫瘠，自播能力强，红色的花又很讨中国人喜欢，所以遍植大江南北。

花礼自己做

鸡冠花的品种非常丰富，可以根据需要灵活选择，花头大而扁的头状鸡冠比较有气势，作为花礼更出彩，选择鲜花快递所用的特制花盒，让盆栽妥帖送达。

1 提前两周左右，选择3、4株即将盛开的冠状鸡冠花，去土。快递花盒中间打孔（如图 P132），重新合植在新的花盆中。

2 注意浇水、照料，让定植后的鸡冠花保持状态。

3 加上套盒，一款非常有定制感的贺喜花礼就完成了！

送花礼
有谈资

枪、羽、冠，鸡冠花风格大不同

根据花序形状差异，现代园艺品种的鸡冠花，主要分3个类型：枪鸡冠，花序细长如穗，简单而清秀；羽鸡冠，花序蓬松群生，像神气的尾羽，也叫凤尾鸡冠；头鸡冠，就是最常见的扁平花序品种。这3种鸡冠花用途各有侧重，枪鸡冠群植更美，花园地栽比较多；羽鸡冠效果耀眼，通常用作盆栽；而头鸡冠精神挺拔，用作鲜切花最普遍。其实，它们大致对应《广群芳谱》中提到的"扫帚鸡冠、扇面鸡冠、缨络鸡冠"。

植物染超好用

植物染，是指利用天然植物的叶子、花或是根茎等来为织物、纸张染色，虽然难以像工业染料染制的产品一样均匀，却更有个性。而鸡冠花，就是超级好用的植物染素材之一，它的"鸡冠"中，含有大量甜菜红素和苋菜红素，染色效果出众，它比其他红色素植物更容易获得。

手工押花，情意延续

押花是用脱水压制后的花材，来进行二次艺术创作，在这项人气颇高的手工活动中，鸡冠花同样大放异彩。比起身形单薄的其他草花，它在干燥后更能够保持风貌，而且增加了一种毛茸茸的质感。用一大朵鲜艳的鸡冠花作为弗拉明戈舞者的红裙，几乎是每位押花达人都会尝试的有趣玩法。在这种创作中，花礼的情意也得到了最充分的诠释。

Care
照料篇

虽然在路边能够开得蓬勃旺盛，但真想要在家居环境里照顾好盆栽鸡冠，让它长久保持红火耀眼的状态，也是有很多学问的。

一 分 钟 学 会 打 理

◎ **阳光：** 超级喜阳，尽管放心地把它扔在窗台上晒。

📖 **水分：** 喜水怕旱，缺水时叶子会马上耷拉，要及时补水。

✂ **修剪：** 主花基本无需修剪，定期去除侧枝就好。

1 喜喝水，不怕晒

叶子和花都要挺拔向上，鸡冠花才能呈现精神一振的美感。这种原生在热带地区的植物不怕晒，阳光越猛烈开得越鲜艳，但是，务必要保持水分充足。一旦发现盆土表面干燥就要及时浇水，如果对观察土没有经验，看叶子也很好判断，一旦缺水叶片就会向下耷拉——别担心，补水后会立刻恢复挺拔。

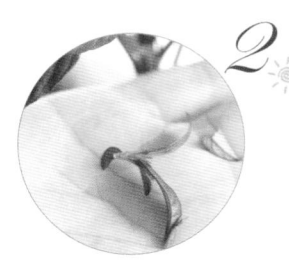

2 集中火力保重点

许多观赏品种的小型鸡冠花，会在叶片腋部发出很多侧芽，它们很难开花，但是又会消耗植株的营养，所以，需要定期帮助鸡冠花去除这些多余枝丫，让它集中精力供给主花序，方法很简单，用手轻轻掐掉即可。

3 花美，叶子也要美

盆栽鸡冠花一旦进入盛花期，花朵的观赏效果都比较有保证，反而是叶片容易出状况，家庭单盆种植的鸡冠花很少有病害，最常见的问题是照料不周。比如过于干旱，即使补水后叶片也会枯焦；浇水时候过于豪放，泥水溅到下部叶片，导致落叶；气温低于15℃，叶片会逐渐变黄。

祝贺
同庆
♥

♥ 苞片超长的显色期有超高观赏价值

♥ 满树着花的形态热烈非凡

♥ 强健的生命力让它遍布全世界

从地中海的风情民宿，到中国北方的城市住宅，只要你愿意接受九重葛的美意，它都会长伴左右。

热烈美好九重葛

艳色苞片虽不是常规意义的花朵，却有着更胜一筹的娇艳，九重葛的蓬勃灿烂让第一次见到它的人发出惊叹。

Passion

大航海时代
的热情手信

虽然人们对九重葛印象最深刻的就是希腊蓝天白云下，一树鲜艳的花朵开放在白墙上，但这种植物并非原产于希腊，它原生于南美，第一次被科学家发现是在大航海时代。1768 年，与库克船长齐名的 18 世纪三大航海家之一布干维尔（Louis Antoine de Bougainville）率领船队从法国远航至南美，随船的植物学家菲利伯特（Philibert Commerson）和他的助手巴雷（Jeanne Baret）发现了九重葛。因为它在一片绿树中格外显眼，所以它的花语也被确定为"热情"。他们采集了标本，并挖掘了植物样本放在船上带回欧洲。为了致敬船长，它以船长的姓命名（Bougainville），这就是九重葛又名"宝巾花"的由来。

一个有趣的细节是，发现者之一巴雷是女扮男装参加这次航海的，她也是历史上记载的首位完成环球航行的女性。和她所发现的九重葛一样，人们在她身上看到了美丽、坚强与勇敢。

花礼自己做

九重葛色彩耀眼，树形雅致，不需要在包装上做过多装饰，否则会喧宾夺主，只需要考虑花礼的便携度和基础搭配即可。

1 选择一盆大小适中，正在开花的九重葛。

2 DIY 的简易双肩背包，色彩恰好能够衬托这种植物的美。

3 直接将花盆装入，扎紧口。包装袋以后还可以重复利用。

送花礼
有谈资

随遇而安的好植物

虽然原生于中南美洲的热带雨林，但九重葛是个适应性很强的家伙，现在从热带到温带地区，它的身影遍布各地。被带回欧洲的时候，九重葛也经历了一段适应期，因为不能适应内陆区寒冷的冬季，只在夏天开放，冬天还得搬到炉子边上烤着，因此它被戏称为"炉边植物"。慢慢地，园艺学家找到了更适合它的栽培方式，让它呈现百变面貌。在相对冬暖夏凉的希腊，九重葛作为地栽花园植物；而在冬季温度低于零度的地区，它就以盆栽的形式搬入室内，在窗边美丽绽放。

高冷转基因植物

觉得九重葛没什么稀奇？其实它可是种科技含量很高的观赏植物，原生的九重葛多为紫色，为了适应人们多变的需求，园艺专家们致力于通过各种方式培育新品种，以获得更多的花色。

现在，九重葛有多种常见颜色，红色、粉色、白色、橙色、黄色……几乎能胜任各种场合的装饰要求。

别名多多

分布广泛的九重葛，在很多地方都有特定的称呼，比如在北方地区被称为"三角梅"，因为它花形如梅，三朵聚生，苞片也是三片聚成一朵。而在华南，它被称为簕杜鹃，原因是盛开的九重葛与杜鹃花色花形都有点类似，但枝条带刺，粤语中称刺为簕，后来又被误写为"勒杜鹃"。在中国台湾地区，也是类似的理由，它被称为"刺仔花"。至于九重葛这个用得最广的名字，则是由它的姿态特点而来——一枝多花，层层分布，加上它是攀爬植物，与葛类有相同特点，所以被称为九重葛。

Care
照料篇

九重葛的养护属于入门容易进阶难，想要这种植物生长健旺，
四季着花的完美状态，有很多技巧要学习。

一 分 钟 学 会 打 理

◎ **阳光：** 喜阳，如果温度过高，每天稍微控制一下日照时间。
🔖 **水分：** 耐旱，浇水多会有碍开花。
✂ **修剪：** 为了促进开花要进行强剪，但如果是造型植物则可以不按此原则。

1 ☀ 管住你的手

九重葛有个怪脾气，水浇多了虽然长势不错，但
不开花。它是非常耐旱的盆栽植物，浇水不能勤，在
催花季节，等到叶子干得有点卷曲再浇水都可以。此
外，阳光也非常重要，春夏季节不妨就把它放在户外，
让它风吹日晒，状态保证比你天天看顾它要好。

2 ☀ 每年一强剪

九重葛的花只开在当年新生的枝条上，所以，在
花季过后(北方通常是入冬前)，一定要进行强力修剪，
把当年的大部分枝条剪去，这样，第二年它才能依旧
满头繁花。如果不剪，在老枝上也会生出新枝开花，
但老枝就会光秃秃的破坏美感。

3 ☀ 搞清楚，赏的不是花

所有植物书上说到九重葛都要兴致勃勃地描述一
下，它那鲜艳的"花"其实只是苞片，是用来保护花
朵的，而真正的花，是在苞片中间的一小根，没有真
正意义的花瓣，带有简单保护结构的花蕊，绽开后呈
现花蕊常见的黄色。如果细细品味，倒也是能和苞片
形成一幅不错的画面。

清新美味柠檬树

青绿叶片里掩映着芬芳果实，无论是观赏还是实用，种一株柠檬都是不会错的选择。

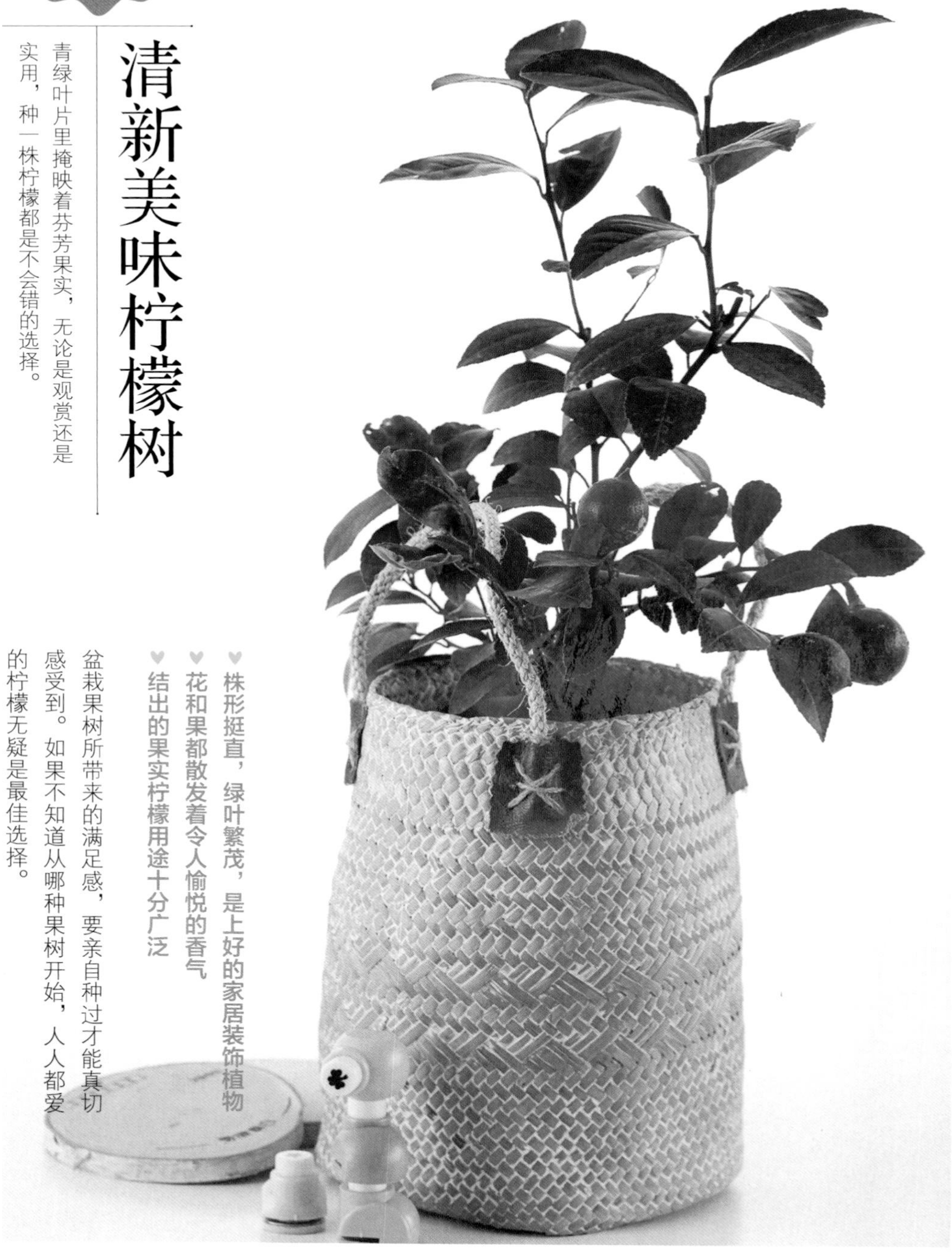

♥ 株形挺直，绿叶繁茂，是上好的家居装饰植物

♥ 花和果都散发着令人愉悦的香气

♥ 结出的果实柠檬用途十分广泛

盆栽果树所带来的满足感，要亲自种过才能真切感受到。如果不知道从哪种果树开始，人人都爱的柠檬无疑是最佳选择。

Fresh

爱多美丽，
充满香气

柠檬很容易与初恋联系在一起，因为两者的滋味是如此类似，芬芳、青涩、回味无穷。

一株亭亭玉立，种在窗前的柠檬树，也很容易把人带回青葱岁月，油绿的叶片，白色的柠檬花散发着香气，青绿的果实挂在枝头，季节转换，它会慢慢长大，由青转黄。

种一季柠檬，犹如复习一次成长。

在长达千年的柠檬种植历史中，起初它只是用于观赏，在人类发现柠檬酸的功用前，人们对这种酸涩的水果敬而远之。在它的实用功效被逐步发掘出来后，一直到20世纪中叶，柠檬才成为食材界的红人。

亲手摘下一颗成熟的柠檬，淡黄的果实香气诱人，虽然不像其他的水果那般甜美可口，用途却极为多样。从女明星最推崇的新鲜柠檬切片泡水，到烹饪达人建议使用鲜柠檬挤汁料理各种肉类，柠檬堪称厨房的万能食材，连柠檬皮都可以制作各种小食。

花礼自己做

除了春天的换盆期外，在其他时候最好不要随意改换柠檬树的生长环境。柠檬株形较为高大，包装以简洁为要，直接盛装在桶形篮筐中或者套盆中，都是比较好的方法。

1 作为礼物，要选择已经挂果的柠檬，这样比较讨喜；
2 清理一下盆底，直接装入比较美观的编织筐中；
3 调整位置，让柠檬露出的枝叶部分充分舒展。

送花礼
有谈资

柠檬的起源

包括橙、桔、柚、柠檬等在内的柑橘家族，在水果领域有着举足轻重的地位，这个家族的血统混杂也是出名的，不同亲缘品种之间的杂交，在为人类贡献新果品的同时，也让柑橘家族的谱系图越来越复杂。以柠檬为例，它先是由枸橼与莱姆杂交而来，获得的品种大约在公元7世纪传入中东区域后，再经过与柚子杂交，我们今天熟悉的柠檬才出现。哥伦布将它带入美洲。18世纪美国加州开始大规模种植柠檬，国内的规模种植则要到20世纪20年代。

航海、淘金和柠檬

作为一种植物，柠檬在很多历史大事件中屡次成为主角。比如大航海时代诸多船员死于维生素C缺乏引起的病症，一直到18世纪，医师林德通过临床实验发现柠檬可以有效防治败血症，之后英国海军的船上就常备柠檬。19世纪中期，加利福尼亚淘金热，吃住在矿区的淘金工人同样出现了维生素C缺乏，柠檬成为炙手可热的水果。

种子盆栽新玩法

除了中规中矩地种一棵柠檬树，等它开花结果外，还有另外一种有趣的玩法，就是柠檬种子盆栽。切柠檬的时候把完整的种子剥出来，用清水泡洗后，种在花盆里，保持潮湿，约7~10天后就会看到绿芽萌发，小小一株柠檬苗，同样笔直挺拔，可以作为案头盆栽欣赏很久，如果有耐心养育3到5年，也许还能看到它开花结果呢！

Care 照料篇

如果只是想让柠檬树长绿家中，难度不高。但如果想让它每年都硕果累累，那你得进修一些养护方面的知识。

--- 一 分 钟 学 会 打 理 ---

◎ **阳光：** 喜光，但挂果期要避免猛烈阳光直射。
◥ **水分：** 略喜旱，根据不同生长阶段要灵活调整水分供给。
✂ **修剪：** 根据挂果需求进行修剪，留主干、壮枝，弱枝、斜生枝不予保留。

1 日常照料别折腾

柠檬是一种比较敏感的植物，环境出现明显变化时容易落叶、落花、落果。所以，选定合适的角落摆放后，就不要频繁挪动，以免它总是处于适应状态。通常来说，盆栽柠檬最喜欢阳光充足、通风较好、温度保持在零度以上的环境。不过，在每年的早春或采摘果实后的秋季，务必要安排一次翻盆，给柠檬更换新的营养土，如果植株过大还要调换大一号的花盆。

2 知足常乐

种一盆柠檬就希望满足全家日常需求？快降低预期。首先，盆栽的限制让柠檬树的长势较地栽为弱；其次，即使定期补肥，盆土也难以提供足够的营养；最后，家庭栽种环境阳光有限。所以，一盆半米高矮的柠檬树，每年能贡献的果实不会超过 10 个。在柠檬开花及挂果时需要进行疏花和疏果。盆栽所获得的乐趣主要来自于精神上的满足——当然，你也可以多种几盆，以求获得大丰收。

3 浇水讲究多

概括来说，柠檬属于略喜旱的植物，但在不同的生长阶段，对水分的需求又略有不同。春季萌芽期的原则是见干见湿；夏季则略偏干，控制茎叶长势，促进花芽发化；开花结果后，则恢复正常浇水，在果实的迅速膨大期，要偏湿；果实采收后，水分供给也随之减少。

盆栽『仙草』石斛兰

作为横跨观赏园艺与保健食材两个领域的明星植物，石斛仿佛被笼上了一层神秘面纱。

♥ 开花繁密，花形清雅

♥ 部分品种有着强大的食疗功效

♥ 气生根特质让它能够适应多种创意盆栽方式

只要亲自种上一盆石斛，就会对这种『仙草』有足够的了解。它其实很容易伺候，形态优美，种在书房或是厨房都百搭无碍。作为一份健康礼物，它既美丽又得体。

Health

清供盆栽，
可观可食

兰科是个超级大家族，而兰科石斛属规模也不小，超过 1000 个原生品种，广泛分布在全球各地，中国也有 80 余个原生种，其中有 39 种被证实有药用价值，所以历史上早有开发利用，最著名的就数铁皮石斛与霍山石斛了，前者的茎是制作铁皮枫斗的原料。而根据现代科学研究，两者成分较为类似。此外，金钗石斛、美花石斛也都有长久的药用历史。

虽然被奉为"仙草"，但目前石斛更多的还是作为保健食材，它的滋阴作用已被证实。盆栽石斛的便利之处在于，不管是需要泡茶还是煲汤，可以采收自己栽种的，只需要一两茎就可以，既便利又放心。

想吃的时候它是一盆长久供应的健康食材，不想吃的时候它又能够开出清逸雅致的花朵，作为书房盆栽也是胜任有余，这样的石斛兰，拥有一盆绝不会后悔。

花礼自己做

作为健康的祝福礼物，略带喜庆元素是让石斛显得更受欢迎的小窍门，此外不需要过多的装饰。

1 选择生长健旺的霍山石斛。
2 将 8 条红色包装带一头打结，打结处压在盆底。
3 包装带均匀地将花盆兜住，在植物上方打结。

送花礼
有谈资

春石斛 VS 秋石斛

植物科研人员根据不同特征把石斛分为 41 组，而对于普通爱好者来说，无需搞得那么清楚，可以根据用途分为观赏石斛和药用石斛，或者根据开花日期分为春石斛和秋石斛。秋石斛形态更像蝴蝶兰，主要分布在热带，春石斛开花更多而且密集，是温带兰花，最著名的两种药用石斛都属于春花型。

霍山石斛，地理标志产品

从 1984 年起，分布在安徽霍山、河南南召一带的霍山石斛，正式成为中国国家地理标志产品。这一带属于大别山区，森林茂密，生长在崖石间或是附生于树上的霍山石斛，具有明显优于其他平原石斛的药效，在中药史上具有独特地位，与天山雪莲等被并称为九大仙草。

"欢迎光临"

很难想象到，这样一种看似不食人间烟火的植物，居然有着特别世俗热闹的内涵，石斛兰花的花语是"欢迎你"。所以，国外很多节庆活动上都会以石斛做为主花制成胸花，由主人佩戴在胸前，以表示对宾客的欢迎，

比如泰国航空公司的标志就是一朵表示热情迎客的兰花，空中小姐也经常为客人敬献石斛兰。

Care
照料篇

不要被石斛兰的名头吓到，即使是著名的霍山石斛，照料起来也绝不比普通花草麻烦，甚至……更简单。

一分钟学会打理

◎ **阳光：** 散射光即可，阳光过于强烈时要遮阴。

🧴 **水分：** 遵守"见干见湿"的原则，但浇水时要适量。

✂ **修剪：** 观赏石斛及时修剪残花，如果是药用石斛则根据食用需求采剪。

1 碎石 + 树皮种起来

石斛兰是附生型，它的属名 Dendrobium 便是由此而来，"Dendro"是树的意思，"bios"指生命，组合起来，便是树上的生命。所以，种植石斛务必使用透气的植料，如树皮、椰丝、水苔，再混合碎石加强通透性，无需添加营养土，尽量给它的根部制造与原生环境类似的生态条件。

2 喷雾、浇水都可以

石斛生长在湿度较大的山区，不过它的适应能力很强，盆栽后浇水也完全没问题，平均每 3、4 天适量浇水，让植料感觉有潮气但不能积水。或者喷雾保湿，每天一次，如果发现茎部干瘪代表着水分不够，加大喷雾剂量即可。冬天石斛会落叶，这个时段每两周浇一次水即可。

3 选石斛，趁花期

石斛不仅原生品种丰富，培育品种更是数不胜数。要选一盆观赏石斛，最好是在花期伊始时去花市，选择已少量开花的，这样，既能够眼见为实，又有很长的观赏期。如果是选择进补的药用石斛，一定要选择可信的渠道，或者托可信的人在产地采购。

Guide

─ 攻略 ─

笑脸
和植物一起
为这个特别时刻绽放

喜庆花礼，一表打尽

适宜领域	可选盆栽	特色
学业	树马齿苋	又称金枝玉叶，虽然玲珑可爱，挺拔的株形却散发蓬勃的生机。
	吊兰	传统的文房盆栽，姿态清雅，有宁神静心的作用，作为室内盆栽还能净化空气。
职场	金钱树	常见的室内绿化植物，羽状复叶非常对称，很有几何美，名字也很有口彩。
	红穗铁苋菜	犹如红色狼尾的穗是最吸引人的特征，通常垂吊栽培，红火热情扑面而来。
	荷包花	小型草花盆栽，花朵犹如荷包一般圆鼓鼓而得名，颜色以红、黄为主，相当讨喜。
迁居	常春藤	非常具有装饰效果的观叶植物，耐阴，对空气有相当的净化作用，特别适宜新居摆放。
	竹	竹报平安，家宅安宁。而且作为盆栽的小型竹通常都文雅秀丽，也是相当好的装饰植物。
新婚	百合	寓意为百年好合，除了切花也有盆栽品种，可以选择颜色更为鲜亮的橙色、紫色等。
	粉掌	主要以独特的佛焰苞为观赏点，和白掌、红掌其实是一种植物，是常见的案头植物。粉色具有浓重的浪漫气息，很适合新婚。
生子	金桔	除了有吉庆含义之外，满树金黄色的果实也相当符合人们对人丁兴旺的期待。
	金银花	较为大型的盆栽藤本植物，花色由白转黄，符合中国人的吉庆审美，比较实用的是，婴儿期的很多皮肤疾患都可以用它的花来防治。
祝寿	佛手	形状独特的观果盆栽，属于柑橘家族香橼的变种，清香宜人，一直有被作为尊老之礼的传统。
	万年青	寓意吉祥的传统观叶盆栽，有祝福青春长驻之意，选择斑叶品种更适宜现代家居。

Part 4

花礼达人，出发

以盆栽作为礼物，喜庆、百搭、价格相宜还选择多多，很好，优点都很强大。

但是……

"虽然很心动，但是不知道怎么把它们包装得这么精致！"

"明明是很精神的盆栽，到了我手里没几天就死了，怎么送人啊？"

"为什么花市的花都用那么廉价的塑料盆啊，真的没法拿来当礼物！"

"花不是都有花语嘛，要是送错了多尴尬！"

这些顾虑是不是很有代表性，也许你在一边看这些抱怨，一边默默点头吧。

从这本书的第一页开始，我们就致力于消除这些顾虑，想必前面的各种示范已经让你跃跃欲试了？别太着急，仔细看完这部分攻略总结，再认真构思一下，贴心花礼达人，出发吧！

选对植物，成功一半

如何从种类繁多的植物中，找出你需要的那一盆？

虽然花市品种繁多，但凡事都有规律可循。除了本书介绍的多种植物，如果想实现新创意，快速掌握这些挑选植物的要诀就没问题。

140

一见钟情，简单，但很有效

感觉一下，这株植物是否给你健旺繁茂的感觉？不需要找出证据，相信直觉。

衡量大小，以双手恰好捧起的体型最为好用。除非有特殊用途，否则，过大或过小的植物都不在选择之列。举例，比人还高的观叶植物难以搬运，也可能会令收礼的人困扰。虽然很萌过于娇小的迷你盆栽，作为正式的礼物并不太得体。

如何判断植物状态好坏

看花。开花植物以花头繁多，一两朵已经盛放，大多数含苞待放为佳。

观叶。叶片浓绿硬挺，颜色匀称，枯叶较少，这样的是健康的。

打量株型。灌木型盆栽以矮壮、丰满为上，不要选瘦高条。草本花卉要分枝旺盛，茎叶健壮。藤蔓类讲究比例适宜，长势均衡，枝条过长的不要选。

查土。拨开叶片看一下盆土，略疏松、微微湿润的可以放心，如果有板结、过于松散等，淘汰。

翻盆底。盆底如果已经有主根伸出，说明长时间没有换盆，长势受限。

几个很重要的小细节

色彩。虽然各种颜色的花都是美的，但作为礼物，尽量避开一些可能引起忌讳的颜色，比如菊花和玫瑰，禁选黄色；暗紫色通常不讨老人喜欢；白色也会引起部分人的反感。比较保险的是红色和粉色。

气味。作为案头摆放的礼物，气味也是很重要的。除了难闻的味道外，诸如天竺葵这种有人喜欢有人讨厌的草药味植物，也要慎重考虑。

花粉。都市的生活环境导致敏感症状高发，其中，花粉是重要的过敏源，特别是秋冬季节，考虑收礼人的状况，如果有类似症状或是老人、孩子，避免送百合、小菊等花粉较丰富的植物。

　　粉色的大岩桐花朵有着浓浓的浪漫气息，配上几何纹饰花器，不管是少女还是轻熟女都会在第一眼看到它时被打动。

　　挑选植物除了要看叶片、花朵，还要看不太容易看到的部分——土壤和根部的发育，这也是决定植物健康程度的关键。

香草盆栽虽然并不具有耀眼的花朵，但散发着令人愉悦的香味，更有实用价值，奉上茂盛的一丛，足够让人整季都感念这份贴心。

根据情况灵活运用挑选植物的原则，比如长寿、丽格海棠这类花期超长的品种，花朵大半盛开的也可以选择，这样正是最佳状态。

花市植物通常都是批量生产，要让它呈现贴身定制的个性风格，除了更换花器、包装装饰之外，最根本的是对植物本身的打理。

144

　　成就一份花礼，最基础的工作是整理，无需任何工具就可以进行——用灵巧的双手为植物"化妆"。去除枯叶、摘掉残花、拣去盆土表面腐烂掉落的茎叶、擦拭绿叶上的灰尘，经过清洁整理，植物会显得更为精致。

　　其次是修剪，作为花礼的备选盆栽，修剪目标较为专一，主要是为了让株形更为紧凑好看，过于突出的枝条、多余的侧生枝、长势羸弱的枝条，统统剪去，这个步骤有可能出现彩蛋，某些采用扦插方式繁殖的植物，比如玛格丽特、太阳花、天竺葵，扦插难度极低，在整理株形的时候修剪下来的侧枝，也可以长成新的一丛，这种亲自拉扯起来的植物，作为礼物更具有深意。

　　造型属于比较高级的绿手指技巧，通过捆扎、牵引、强剪等方式，让植物按既定的形状生长。比如，灌木可以修剪成各种动物形状；藤本植物呈现环形、心形等特定形状，这些形状含义明确，有助于表情达意，你会在不断的尝试中找到很多新乐趣。

花器决定气质

花器篇 ♥

一款个性化的花器，能瞬间赋予植物灵魂。与所选择的植物相衬。中国，西洋，文化背景，植物习性。

一只设计感十足的花器本身就是很有心思的礼物了，配上花草更是相得益彰，坦率地说，选对了花器，其他的都不是问题。

148

适合的才是最好的

鞋合不合适，只有脚知道，这和花器与植物的关系有些类似。最简单的办法，是将植物试摆在花器中，用你的感觉判断是否和谐。

先满足硬件配对。大型灌木用沉稳的深盆；攀爬植物用稳定性好的方、圆盆；开花植物用素盆；垂蔓植物用立盆；水培植物用玻璃器；喜旱的植物用透气性好的砂盆；这只需要借助常识和对植物习性的基本了解就能合理搭配。

气质配对使用关键词。虽然不明显，但植物和花器仍然是有其潜在的文化特征，比如松、竹、桂这些被认为是东方的；而罗马盆、奶罐盆这些是欧式的，对两者都有明确的判断才能不出错。如果犯了选择困难症，试试这个办法：写下你对植物和每只花器的形容词，越多越好，然后找出重合最多的那一对。

百搭款花器，懒人适用

红陶盆适用于绝大多数开花植物、香草。从风格上说，它自然田园，与花草天然契合。从实用上说，它透气性强。对植物生长有利。

素色瓷盆与观叶盆栽可以长久配对。风格素淡雅致，不会抢绿叶植物的风头；质地致密保水性强，也很适合大部分观叶盆栽需要，同时，也是作为套盆（即不移栽，只将其套在原有的花盆外面）的首选。

水泥盆是新近上位的网红花器，灰调外表与流行的性冷淡风不谋而合，小灌木、开花植物、观叶植物它都能完美配戏，浮雕造型让它显得品位上流。但它有个小小的缺点，就是分量过于沉重。

个性花器哪里找

花器摊位。很遗憾，我们还没有发达到有专门的花器店出现，不过，随着园艺业的发展，花市里专门的花器摊位已经越来越多，除了老三样外，也能够看到一些尝试性的设计作品。本书拍摄的花器，大部分来自陶文时代。

家居店。主打生活方式的国际品牌，宜家与ZARA Home就是两种类型的代表，前者大而全，但从不缺乏一些惊喜单品；后者小众时尚，风格始终精准。

酒店用品市场。种类繁多的餐具，其实有不少是可以拿来作为花器使用的，因为反差而有了与众不同的趣味。

创意市集。虽然不是保证必中，但在这个地方经常可以看到不拘一格的设计作品，一旦有收获，惊喜度也远远超过其他方式。

　　细说起来，这组搭配考虑的点很多，罗马盆与常春藤的文化重合；垂蔓配立盆；绿色与大地色系的相衬，但不能明确说出一二三也没关系，只需要把握住植物和花器间的和谐度即可。

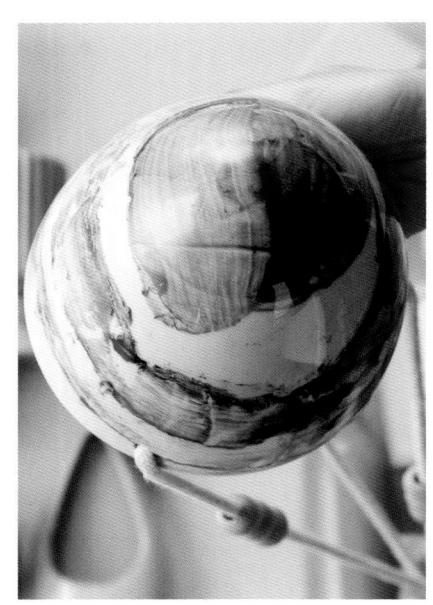

　　略带冒险的尝试，东方感的青花色调，与欧美花园里的观叶植物，虽然立场有差，但同样具有安宁、静谧的气质，形成了奇妙的配合——这就是精神战胜物质的例证。

　　脑洞大开的结果——有趣的瓷盒，其实本身并不是花器之用，但由于植物具有可以克服某些限制的强健习性，所以组合出了很有感觉的一份花礼。

　　个性化的花器，可以用百搭的植物去配戏，反之亦成立。水滴状的垂吊花器对种植提出了挑战，而且它本身就很有美感，所以，只需要一枝简单的可以水培的植物就足够了。

FLOWERS
-&-
GARDEN

花器提供：陶文时代

包装篇 ♥

包装，
点睛之笔

必须要在进行妥善的包装之后，美
丽的盆栽才能真正成为花礼。

廉价感的塑料花盆令花草失色，改善的方法丰富
多样。从最简单的套盆，到略复杂的包裹，花礼
达人慢慢养成，循序渐进，我们慢慢来。

154

环保、简约

不要过度包装。一盆已打理妥当的植物，本身就足够美了，包装的意义，是为了突出它作为礼物的内涵与人情味，绝不能掩盖植物本身的美。

使用有亲和力的材料。植物不是珠宝，无需装在保险箱里小心呵护，过于华贵的包装反而有损它的自然美。纸张、布、麻绳这些随手可得的生活材料最为适宜，精致元素只适合做点缀之用。

尽量使用简单的手法。过于繁复的步骤可能效果出众，但并不适宜日常花礼，况且，有什么比"亲手"这两个字更贵重？只需要能够达到一定标准，落实它作为礼物的身份就足够了。

以植物为本

与植物的特质相符。清新的小菊、灿烂的向日葵、有趣的多肉、清雅的竹子，植物所呈现出来的气质是能够一眼识别的，包装材料上也要向它靠拢。

装饰加保护。花朵和枝叶都很娇嫩，不恰当的包装会造成擦伤、折断，有损植物美貌，在构思的时候就要考虑到这一点，不要舍本逐末。

便于携带。只有双手送到收礼人手中，盆栽花礼才真正履行了使命。在包装上也要考虑路途中的便携性，无论是捧还是拎都要让人能轻松应对才好。

最好用的包装物

包装纸。借鉴花店包装的方式，将整个盆栽包装成可以手捧的花束。虽然稍微麻烦些，但是效果惊喜。

牛皮纸盒。一装即好的节奏，还可以把祝福语写在盒身上。虽然很难出彩，但胜在方便快捷不失礼，牛皮纸材质与大部分植物都能兼容。

二手纸袋。很多品牌的包装袋都是很有设计感的单品，不妨作为包装材料留存下来。它所具有的现代物质文化气息，与植物的自然风格，有时候会碰撞出特别精彩的火花。

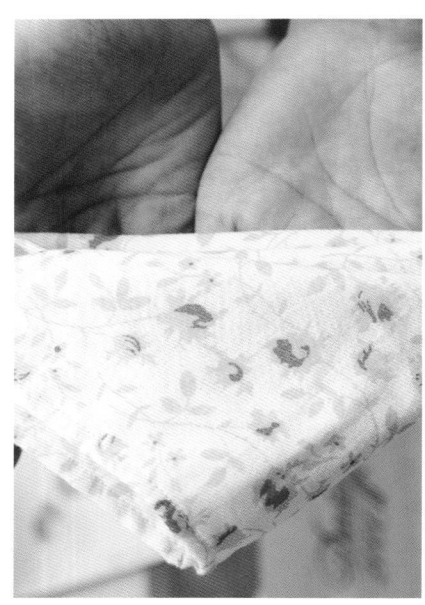

虽然只是一块不起眼的旧手帕，但粉嫩的色彩呼应得极为妥当。简单的打结手法，即使手残党也能秒速搞定。

一个丝带蝴蝶结就提升了整个花礼盆栽的隆重感，其实比起花店的手捧花，包装上做了大量的简化，但感受却并无二致。

　　纸袋的图案与其中盛装的翠菊盆栽，从色彩到气质上都是那么统一。袋身上的 Logo，不仅没有破坏美感，反而添加了一种混搭的趣味。

　　小朋友的识字卡片，能够拼出代表心意的关键词，配合花艺铁丝，就可以在花盆里大搞创作了，这样的装饰几分钟就能完成，效果却极其出色。

　　绵纸是花店最常用的基础包装材料，在制作花礼盆栽的时候可以灵活应用，既能够整体包装，也可以在需要搭配或是掩饰的时候，在局部发挥作用。

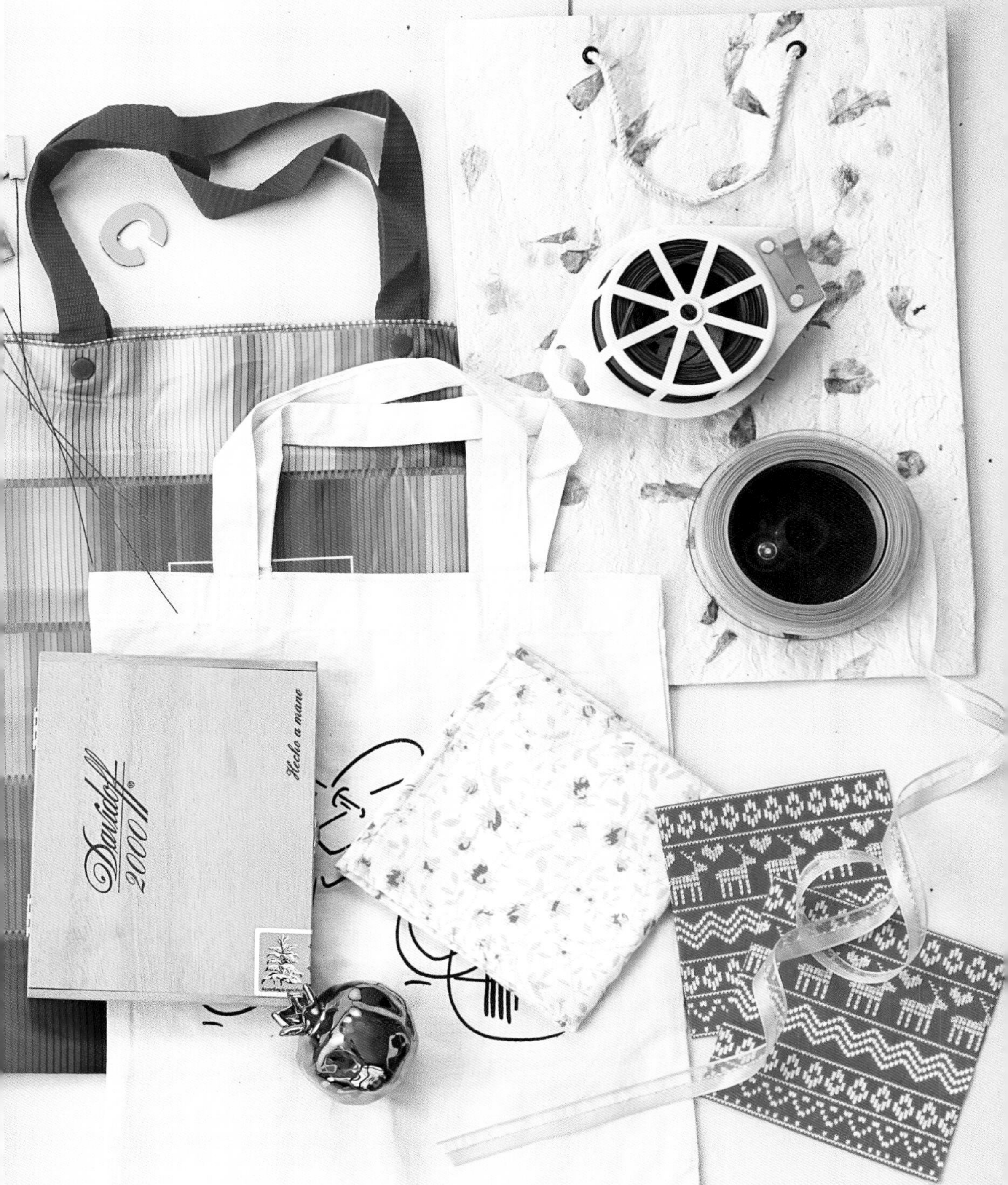
Davidoff
2000
Hecho a mano

后记

从植物到花礼，只要多做一点点

俗话说，秀才人情一张纸。

而我经常捎给朋友的人情，往往是一盆花，一钵草。而琢磨如何把它们种得好看、包装得好看，则是我日常生活中的一大消遣。并不强求什么稀罕的品种，哪怕是几茎铜钱草，一株酢浆草，我也能让它看起来"好高级"！

每个到我家的朋友在巡视了窗台后都会问，你这些植物哪里买的？

我说，某个花市。

她们不信，说你带我去买，根本买不到好嘛。

没有不存在的49号站台，只不过，我对买来的盆栽做了一点"小小的"加工。

坦率地说，国内的花市逛起来确实不如在欧洲逛花店有愉悦感，批发市场的环境，再美的植物被一排排扔在地上，也显得格外廉价。劣质感的塑料花盆，为了运输方便而套上的简易塑料保护袋，总让人觉得提不起兴趣来。

一盆努力绽放的花，正在把最美丽的时刻呈现给你，为什么我们不能以同样的用心去对待它？

花市购买的植物，我通常把它视为毛坯，一定要经过自己动手加工，修剪、造型、更换花器。有时候，对一些需要阳光但因为长期在室内种植而显得羸弱的植物，还会送到我用来种菜的两亩小院里去放养一段时间，真的几周就立刻焕然一新了。

本着"断舍离"的生活态度——好吧，其实是因为家里确实容不下那么多植物，我的那些精心打理过的盆栽，我会作为手信，送给亲朋好友，如果有谁来家里做客，真心喜欢，也可以带走。

收到礼物的人都很开心，谁会拒绝一盆生机勃勃的礼物呢？

我也开心，这种送人玫瑰，手有余香的满足，一定要亲自做过才懂得。

　　荷兰的一家小花店，令我驻足，原因是简单而贴心的细节设计，这家店在常春藤盆栽上加了把手，这样可以让客人直接提着走，更为便利。把手上印刷的文字，是这种常春藤的品种名，而把手两头的叶片形装饰，则印刷着它的标准长相。

　　信息的充分提供，和为顾客考虑的便携度，一条小小的纸把手，透露的是对于植物的尊重，也是对于人的体贴。

现在就动手，
制作你的第一盆心意盆栽吧！